멸종을 선택하지 마세요

멸종을 선택하지 마세요

김정민 지음

우리의 내일을 구할 수 있는 건 우리뿐이니까

우리학교

'지속 가능한 지구'라는 상상은 현실이 된다

어린 시절 해가 뉘엿뉘엿 넘어갈 무렵이면, 촘촘히 이어진 이웃집들 창문으로 흘러나오는 노래가 있었습니다. 저녁 6시, TV 만화영화가 시작한다는 신호였죠. 유튜브도 웹툰도 없던 시절, TV 만화영화 본방 사수는 어린이들에게 중요한 일정이었어요. 당시에는 〈독수리 5형제〉, 〈마징가 Z〉 등 일본 만화영화 시리즈가 대부분이었는데요. 주로 지구를 공격하는 외계 세력이나 악당에 맞서 정의를 수호하는 영웅들의 이야기였습니다. 그중에서도 주제가가 신나는 데다 독특한 캐릭터가 주인공인 만화영화가 하나 있었는데, 스토리의 배경이 매우 기이해서 더욱 '핫' 했죠. 바로 〈미래소년 코난〉이란 작품이었습니다.

이야기의 배경은 2008년(지금으로선 한참 과거이지만 방영 당시의 기준으로는 한참 미래였답니다)의 지구입니다. 최첨단 무기로 대규모 전쟁이 일어나면서 오대륙은 바다에 가라앉고 인류 문명도 파멸했습니다. 지구 탈출에 실패한 소수의 인간만이 살아남는데, 주인공 소년 코난도 그중 하나였죠. 코난이 세계 정복을 꿈꾸는 악당에게서 친구를 구해 내기 위해 모험을 떠나며 이야기가 시작됩니다.

지금 인터넷에 검색해도 나올 만큼 한때 십 대들의 인기를 한 몸에 받았던 작품이에요. 저 역시 재미있게 보았지만, 만화의 배경만큼은 도저히 이해할 수 없었습니다. 어린 마음에도 더 나은 세상, 희망적인 미래를 꿈꾸며 하기 싫은 숙제도 하고 공부나 심부름도 꾹 참고 하던 때였는데, 〈미래소년 코난〉을 보고 나면 '에이, 어차피 망해 버릴 미래라면 이렇게 힘들게 살 필요가 있나?' 하는 생각이 종종 들었거든요.

최근 코로나19와 함께 기후 재앙의 징후가 세계 곳곳에서 나타나면서 '미래'에 관한 우려가 다양한 목소리로 터져 나오곤 합니다. 환경오염과 기후 위기의 전망이 비관적일수록 자포자기하는 한숨 소리가 여기저기서 들려오죠. 이른바 '욜로YOLO(인생은 한 번뿐이니 현재 자신의 행복을 가장 중요하게 생각하며 소비하는 태도)'라는 현상도 비슷한 맥락으로 읽히는데요. 제 삶에 관한 각자의 선택은 자유이겠지만, 아이러니하게도 그런 이야기를 듣거나 저조차 같은 생각이 들 때마다 코난의 웃음소리와 함께 〈미래소년 코난〉 주제가가 떠오릅니다.

푸른 바다 저 멀리
새 희망이 넘실거린다
하늘 높이 하늘 높이
뭉게 꿈이 피어난다
여기 다시 태어난
지구가 눈을 뜬다 새벽을 연다
헤엄쳐라 거친 파도 헤치고
달려라 땅을 힘껏 박차고
아름다운 대지는 우리의 고향

달려라 코난 미래소년 코난

우리들의 코난

미래로 향하는 우리의 세상은 미래소년 코난이나 슈퍼맨이 돌아와도, 어벤져스가 똘똘 뭉쳐도 결코 과거로 되돌릴 수는 없을 것입니다. 다만 많은 과학자가 조언하듯이, 우리 모두가 '코난'이 되어 기후변화에 대응하는 실천을 해 나간다면 재앙만은 겨우 막을 수 있겠지요. 만에 하나 수많은 코난의 노력에 지구라는 거대한 생태계의 복원 능력이 반응한다면, 우리는 지속 가능한 지구에서 지속 가능한 삶을 이어 갈 수 있을 것입니다.

과거 〈미래소년 코난〉이 던진 정체불명의 메시지(인류의 과학 남용으로 파멸된 지구를 구하다)를 떠올리며, 인류 대멸종을 걱정해야 하는 오늘에 다다른 여정을 함께 살펴보려 합니다. 아인슈타인Einstein의 조언대로라면 문제 설정을 제대로 해야만 문제를 해결할 수 있을 테니까요. 이 책이 지속 가능한 미래를 꿈꾸는 여러분의 문제 해결에 도움이 되기를 바랍니다.

차례

3장 굿바이, 석유 시대!

4장 미래를 바꾸기 위한 마음가짐

5장 원 헬스, 지구를 지킬 수 있는 모두의 건강

1장

우리는 모두
같은 행성에
살고 있습니다

신박한 아이디어

옛날에 피그말리온Pygmalion이라는 조각가가 있었습니다. 조각상을 만드는 솜씨가 어찌나 뛰어난지 무엇을 만들든 금방이라도 살아 움직일 것만 같았죠. 어느 날 완성한 조각상도 마찬가지였습니다. 피그말리온은 아름다운 여인의 모습을 한 조각상을 사랑하게 됩니다. 제 이상형과 일치했기 때문이지요. 그는 조각상과의 사랑이 이루어지기를 간절히 기도했고, 끝내 그 기도는 이루어졌습니다. 이게 진짜냐고요? 사실 이 이야기는 사랑의 여신 아프로디테가 조각상에 생명을 불어

넣어 피그말리온의 소원을 들어주었다는 그리스신화입니다.

미래 과학이나 마블 시리즈 같은 SF에 관심이 많다면, '포스트휴먼Posthuman'이라는 말을 흔히 들어 보았을 것입니다. 비약적으로 발전하는 생명공학 기술을 통해 인간이 질병과 죽음에서 해방되거나, 기계와 결합하거나, 더 나아가 몸을 완전히 버리고 메타버스 같은 사이버 세계에서 살아갈 지적 존재로 진화하는 등 포스트휴먼의 모습은 실로 다양합니다.

미래를 다루는 영화에서도 새로운 지적 존재의 등장은 언제나 흥미진진한 소재이죠. 마블 시리즈 〈가디언즈 오브 갤럭시〉에 나오는 기발한 캐릭터 중 너구리처럼 생긴 '로켓'이나 나무처럼 생긴 '그루트'만 봐도, 드넓은 우주에서 생명체의 진화란 그 시작과 끝을 가늠하기 힘들다는 걸 알 수 있습니다.

앞서 소개한 그리스신화 속 피그말리온 이야기가 과거에는 신화나 상상 속 이야기였겠지만, 여러분 중에는 그 이야기가 가까운 미래에 현실이 되리라고 믿는 사람도 있을 거예요. 나날이 발전하는 생명공학 기술과 인공지능AI 기술은 새로운 인간에 관한 상상이 한낱 덧없는 공상이 아니라는 사실을 잘 보여 주니까요. 그런 의미에서 포스트휴먼은 인간이 만든 신화

▲ 장 레옹 제롬, 〈피그말리온과 갈라테이아〉, 1890년.

를 인간이 현실화하는 이야기로까지 들립니다.

그렇다고 포스트휴먼이 단지 인류 문명과 첨단 과학기술이 어디까지 발전했는지 뽐내려는 이야기인 것만은 아닙니다. 포스트휴먼은 기술의 신화를 넘어서는 거대한 패러다임의 전환을 의미합니다. 또 그 이면에서는 여러 맥락으로 인간이 '위기'에 직면했음을 알아차릴 수 있지요. 포스트휴먼이 현실화되어 마침내 세상에 나온다는 것은 곧, 자연적으로 태어나는 인간이 언젠가는 과거 지구를 지배하던 공룡의 신세가 될 수 있다는 뜻이기도 하니까요.

최근 일론 머스크Elon Musk의 스페이스X나 제프 베이조스Jeff Bezos의 아마존 등 세계 굴지의 기업들이 앞다투어 우주여행과 민간 우주 항공 기술에 열을 올립니다. 수백억 원의 경비를 눈 하나 깜짝 안 하고 쓰는 부자들을 위한 초호화 여행 상품을 기획하는 것처럼 보이지만, 이런 기술이 누적되면 〈승리호〉 같은 SF영화에서 볼 수 있는 위성 지구로의 이주를 실현할 수 있다는 것이죠. 그 기술이 실현될 때쯤이면 지구는 인간이 살아갈 수 없는 환경이 될지도 모르니까요.

공룡이 그랬듯이 인간이란 종이 지구상에서 한순간에 사라

▲ 반세기 만에 다시 시작된 달 탐사 프로젝트 '아르테미스 1호'.

지거나, 인간이 자연적으로 살아갈 수 없을 만큼 지구환경이 망가지는 날이 1만 년쯤 후, 그러니까 아주 까마득히 먼 미래에 올까요? 아니면 이 글을 쓰는 저나 이 글을 읽는 여러분이 죽기 전, 그러니까 100년도 안 남은 가까운 미래에 일어날까요?

언제 포스트휴먼이 나타날지 지금은 알 길이 없습니다. 사람들이 미래를 두고 저마다 상반된 견해를 가지고 있기 때문이죠. 어떤 이들은 2040년대 중반이면 인간처럼 스스로 생각하고 판단하는 강한 인공지능이 나오리라고 전망하지만, 다른 한편에서는 이를 지나친 상상이라고 지적합니다. 강한 인공지능이나 이른바 '특이점★'이라는, 인간이 인공지능을 통제할 수 없는 상황에 관한 의견은 이렇듯 팽팽하게 맞섭니다. 그런데 서로 생각이 그렇게나 다른 과학자들 간에도 한결같이 일치하는 의견이 하나 있습니다. 바로 우리가 삶의 방식을 지금 이대로 유지한다면, 인류는 100년도 채 못 가 커다란 위기를 맞는다는 것이지요.

이 위기는 포스트휴먼의 등장과 상관없이 진행되는 일입니다. 100세를 거뜬히 살 수 있는 기술을 가지고서도 코로나19라는 바이러스 때문에 세계 전쟁에 버금가는 사망자를 낸 지금의 팬데믹 상황과 마찬가지로 말입니다. 그동안 인간이 살아왔고 앞으로도 살아가야 할 터전인 지구가 적어도 현재 생존하는 생명체에게는 대단히 위험한 곳으로 변해 가고 있습니

★ 알파고를 개발한 미래학자 레이 커즈와일(Ray Kurzweil)은 2005년에 펴낸 『특이점이 온다』에서 2045년에는 인간이 인공지능을 통제할 수 없는 지점이 온다고 예측했다.

다. 인류 문명으로 말미암아 가속화된 지구온난화와 '인류세 대멸종'이라고 불리는 여섯 번째 대멸종이 현재 진행되고 있기 때문입니다.

지구상의 모든 생명체는 주변 환경에 적응하며 진화해 왔습니다. 거꾸로 말해 환경에 적응하지 못한 생명체는 소멸했죠. 화산이 대규모로 폭발하든 우주에서 날아온 소행성과 충돌하든, 지구는 46억 년간 굳건히 존재해 왔어요. 또 모기나 바퀴벌레처럼 1억 년 이상을 살아남은 생명체가 있는 반면에 멸종한 생명체도 늘 있었습니다. 그렇다면 우리 인간은 앞으로 어떻게 될까요? 만약 지금처럼 지구온난화가 이어지고 그에 따른 기후변화가 반복적인 재난으로 나타난다면, 우리는 변화한 환경에도 적응해서 살아갈 수 있을까요?

이렇게 다소 참담한 질문들 앞에 누군가 신박한 아이디어를 하나 던집니다. 지구 기온이 계속 오르고, 북극과 남극의 빙하가 다 녹아내리고, 홍수와 산불, 대기오염이 심해져 숨조차 편히 쉴 수 없는, 그래서 더는 인간이 살 수 없는 세상이 올 때쯤 포스트휴먼으로 짠! 하고 진화하면 될 일 아니냐고요. 지금처럼 살되 포스트휴먼 프로젝트에 올인하면서 말이죠.

지구 정복의 꿈에서 지구 탈출의 꿈으로

포스트지구에서 포스트휴먼이 된다? 그것도 한 가지 해법일 수 있습니다. 다만 그때의 인간은 지금의 인간과는 분명히 다를 겁니다. 지구온난화로 변화한 자연환경에서도 살아갈 수 있는 전혀 새로운 종이겠죠. 그렇다면 그 새로운 종은 어떤 삶을 살아갈까요? 이산화탄소로 숨 쉬고 음식을 먹지 않아도 전기만 충전하면 에너지가 샘솟는 종이 될 수도 있지 않을까요?

포스트휴먼이 최소한 기계 로봇은 아닐 테니, SF영화에 나

오곤 하는 화학 기술로 만든 알약 식품이나 영화 〈설국열차〉 속 양갱 같은 단백질 블록으로 생명을 이어 나갈 수도 있겠지요. 지구환경이 거대한 변화에 휩싸인다면, 자연적 인간만이 아니라 인간이 식량으로 삼던 다른 생물종도 대다수 멸종할 테니까요. 아니면 생명공학을 이용해서 포스트치킨이나 포스트삼겹살 같은 것들을 만들어 내면 될까요?

이처럼 포스트휴먼 이야기에 커다란 패러다임의 전환이 담

겨 있다는 말은 인간다운 삶에 관한 생각이 근본적으로 달라진다는 것을 뜻합니다. 그렇다면 과연 무엇이 '인간다운' 삶일까요? 굶주리는 일 없이 먹고 싶은 음식을 마음껏 먹고, 패션을 향한 욕망을 자제하지 않으며, 원하는 것은 무엇이든 할 수 있는 자유가 있는 삶이 인간다운 삶일까요?

▲ 일찍이 농경이 발달했던 고대 이집트문명의 발원지 나일강.

수십만 년 동안 인류는 더 나은 삶을 살기 위해 노력해 왔습니다. 인간과 다른 동물들의 차이점은 오직 인간만이 자신이 살아가는 환경을 바꿀 힘을 가졌다는 것입니다. 물론 인류도 초창기에는 다른 동물들처럼 야생의 자연환경에 순응해 살 수밖에 없었겠죠. 해가 뜨면 일어나 생존을 위한 노동을 시작하고, 해가 지면 안전한 곳을 찾은 뒤 주변을 경계하며 잠들었을 것입니다. 날씨가 추워지면 어떻게든 따뜻한 곳을 찾고, 날이 더워지면 그늘을 찾아 들어가 쉬었을 테고요. 그렇게 하루하루 밥 먹듯 굶으면서 다른 동물들처럼 살았을 거예요.

먹거리를 찾아 헤매는 야생의 삶은 고단하기 짝이 없습니다. 하루 중에 잠깐 일해서 먹거리를 구할 수 있는, 말 그대로 낙원과도 같은 곳은 지구상에서 손꼽을 정도밖에는 없었을 테니까요. 보통은 손이 부르트도록 일해야 겨우 먹고살 수 있었을 것입니다. 그러나 다행히 똑똑한 두뇌를 활용할 줄 알았던 인간은 다른 동물들과 달리 자연을 이용하는 기술을 점차 발전시켰고, 인류의 삶은 변화하기 시작합니다.

인간은 날이 추워지면 불을 피웠고, 추위나 더위를 피할 집을 지었으며, 막연하게 식량을 찾아다니기를 멈추고 한곳에 정착해 작물을 키우며 가축을 길렀습니다. 인구가 점차 늘어나자 더 많은 사람의 힘으로 더 많은 일을 할 수 있었습니다. 그리고 인간은 좀 더 풍요롭고 편안한 삶으로 나아가려 마침내 자연환경에 손을 댑니다. 농지를 개간하고 물길을 바꾸었죠. 문자를 만들고 학문과 기술을 발전시키면서 인류는 새로운 역사를 엽니다. 계속해서 더 많은 것을 만들어 내고, 더 풍요롭고도 평온한 삶을 꿈꿀 수 있게 되었습니다. 비로소 인간다운 삶을 시작한 것입니다.

물론 그 시작은 미약했습니다. 수천 년에 걸친 시행착오도 있었지요. 그러면서 '인간다움(휴머니즘)' 혹은 '인간다운 삶'에 관한 입장도 여러 차례 변화했습니다. 그리고 지금 우리는 미래의 인간다운 삶을 다시 생각해야 하는 때를 맞았습니다. 단순히 인류 문명의 기술 발전이 포스트휴먼을 탄생시킬 수준이 되었기 때문만은 아닙니다. 그동안 인류는 자연을 문명의 불을 지필 자원 창고로 여겨 왔습니다. 과거에는 그 생각이 옳아 보였겠죠. 하지만 지금에 와서 되돌아보면, 그렇게 살아온 100년 남짓한 세월이 46억 년간 모든 생명을 품으며 버텨 온 지구의 균형을 깨트려 온 것입니다.

하늘에서 땅으로,
인간 중심 세계관의 등장

미래를 알기 위해 또는 현명한 선택을 하기 위해 역사를 돌이켜 보는 일은 매우 중요합니다. 지난 역사는 현실이 왜 이렇게 되었는지를 이해하는 실마리가 되고, 현실을 좀 더 입체적으로 볼 수 있게도 하지요. 현실은 그저 지나간 과거와 다가올 미래의 중간이 아니니까요. 과거가 어떤 의미를 갖는지는 현재의 문제의식에서 드러나고, 현재 우리가 한 선택의 의미도 미래가 대답할 것입니다. 그러니까 오늘날 우리가 맞닥뜨린 위기의 의미를 이해하고 어떤 선택을 해야 하는지를 알려면, 과거 우리 선조가 어떤 선택을 했는지 되돌아봐야 합니다.

14세기에서 19세기까지 유럽이 변화한 500년은 인류 역사에서 대단히 중요한 시기입니다. 우리는 이 시대를 '근대'라고 하고 '휴머니즘 시대'라고도 합니다. 이 시기의 유럽 사람들은 세상을 다른 방식으로 바라보기 시작했고, 그 변화의 바람은 세계 곳곳으로 퍼져 갔습니다. 오늘날 우리가 누리는 물질적 풍요는 그 결과이기도 하지요. 한편으로 오늘날의 거대한 환경 위기 역시 그 파생적 효과 또는 부작용이라 할 수 있습니다.

유럽의 중세라고 불리던 시기에 살았던 사람들은 신의 의지를 이해하는 것이 곧 세상의 질서를 이해하는 것이라 믿었습니다. 말 그대로 신이 지배하는 세상이었죠. 정치와 학문 그리고 일상이 모두 종교적 해석에 따라 재단되었습니다. 도무지 깰 수 없을 것처럼 단단한 신의 세상에 균열을 일으킨 사건이 '르네상스Re-naissance'였습니다. 르네상스는 '다시 태어나다.'라는 뜻입니다. 누가 다시 태어난다는 걸까요? 바로 인간입니다. 르네상스를 휴머니즘 시대의 시작이라고 하는 까닭이지요.

유럽을 지배한 중세 기독교에서 인간은 신이 만든 피조물

▲ 환경 위기에 맞닥뜨린 오늘,
자연을 개발 대상으로 바라봐 온 어제의 의미를 되돌아본다.

중 으뜸이었습니다. 인간은 구약성경 속 지상낙원인 에덴동산의 모든 것을 마음껏 누릴 수 있었던 존재였죠. 하지만 창조된 지 얼마 되지 않아 신의 명을 어긴 죄, 즉 원죄를 품은 존재가 되었습니다.★ 그 후로 인간은 언제나 신 앞에서 죄인이었고, 신이 용서할 때까지 어떤 시련이든 감당할 수밖에 없었습니다.

유럽이 흑사병에 신음할 때도 사람들은 그 재앙을 신의 노여움으로 받아들였습니다. 오직 속죄만이 인간의 임무라고 생각했죠. 하지만 신의 노여움을 삭이려 아무리 노력해도 전염병은 좀처럼 사그라지지 않았고, 이른바 '흑사병 팬데믹'은 300년이 넘도록 이어졌습니다. 오늘날 코로나19로 3년째 팬데믹을 경험하는 것도 이토록 힘든데, 300년 이상 끝나지 않는 팬데믹이라니 상상조차 하기 어렵습니다.

오랜 세월 팬데믹을 대물림하는 상황이 되자 신에 대한 사람들의 생각이 점차 바뀌어 갔습니다. 흑사병은 착한 사람이

★ 기독교 성경에 따르면, 최초 인류인 아담과 하와는 선악과를 먹지 말라는 신의 명령을 거역해 에덴동산에서 추방되었다.

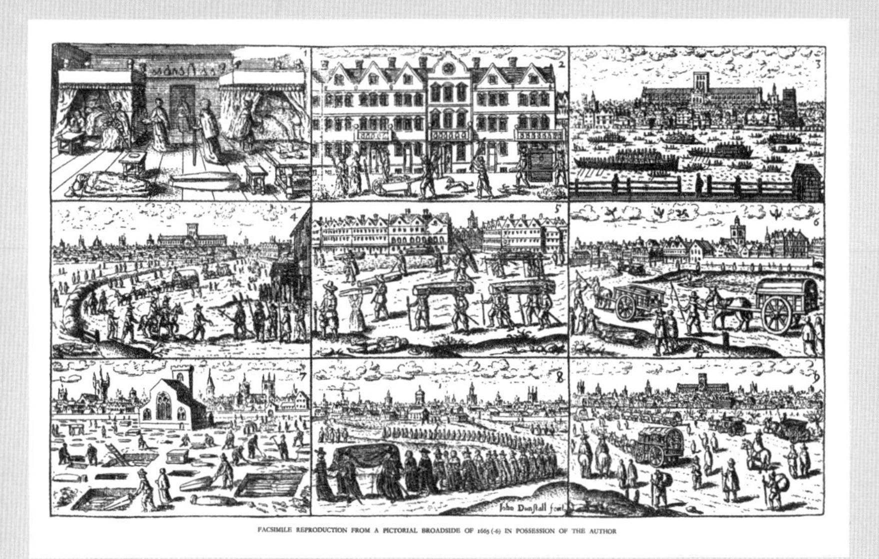

▲ 17세기 런던의 흑사병 사태를 묘사한 판화.

나 나쁜 사람을 가리며 찾아오지 않았고, 심지어 신의 말씀을 전하는 사제들까지도 죽음을 피하지 못했으니까요. 결국 흑사병으로 신앙심이 꺾이면서 '과연 신이 존재하기는 한 걸까?' 하는 의구심이 널리 퍼졌습니다.

동시에 십자군 전쟁으로 서유럽과 동로마제국(지금의 튀르키예를 포함한 지중해 연안 지역)의 교류가 활발해지면서 동로마(지금의 이스탄불)에 남겨져 있던 고대 그리스와 로마의 지식이 유럽으로 역수입되기 시작합니다. 로마 가톨릭의 지배를 받던 서유럽 지역에서는 감히 꿈도 못 꿀 놀라운 인간의 지식재산이었죠. 고대 그리스와 로마 사람들은 신이 세상을 지배하는 건 맞지만, 인간에게도 신과 같은 능력이 있다고 믿었습니다. 그리스신화를 보면 알 수 있듯이, 고대 그리스인들은 신에게 도전하기까지 하는 인간상을 지니고 있었습니다. 인간은 신과 비교하면 하루살이 같은 존재일지언정 신에게 도전하는 힘을 품고 있다고 믿었죠. 그 힘이 바로 인간의 '지성'입니다. 다른 동물에게는 없는 인간의 지적 능력이 인간을 동물과 구별되는 뛰어난 존재로 여기게 한 것입니다.

때맞춰 이 시기 유럽에서는 자연과학이 발전하기 시작합니다. 십자군 전쟁으로 뚫린 길을 통해 유럽으로 새롭게 수입된 지식은 유럽인의 지적 호기심을 자극했습니다. 그리고 수학과

★ 폴란드의 천문학자 코페르니쿠스(Copernicus)가 지동설을 주장하기 전인 16세기까지, 세상은 모든 천체가 우주의 중심인 지구의 둘레를 돈다는 천동설을 진리로 여겼다.

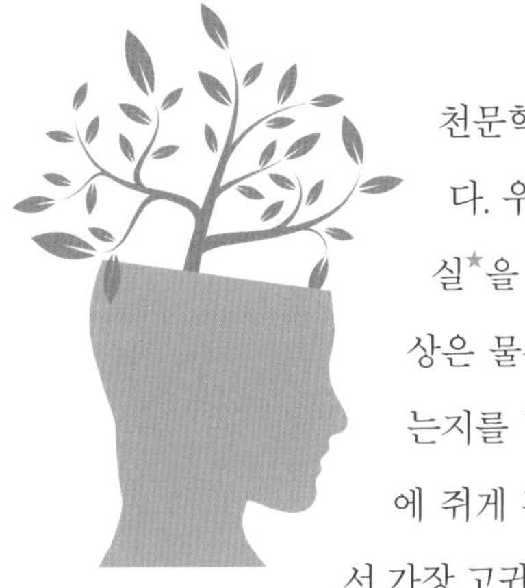

천문학, 화학이 눈에 띄게 발전했습니다. 우주의 중심이 지구가 아니라는 사실★을 이론적으로 아는 수준을 넘어, 지상은 물론 천상의 물체가 어떻게 움직이는지를 법칙에 따라 설명하는 수단을 손에 쥐게 된 것이죠. 이로써 인간이 우주에서 가장 고귀한 존재라 믿게 되었습니다.

르네상스 시기, 이탈리아의 수도사이자 철학자이고 인문주의자였던 조반니 피코 델라 미란돌라Giovanni Pico della Mirandola는 인간이 우주에서 가장 귀한 까닭은 신이 인간을 창조하는 순간, 우주에 존재하는 모든 것의 싹을 그 안에 심어서라고 말했습니다. 인간에게는 물질과 영혼과 지성의 싹이 전부 들어 있다는 거예요. 그 싹을 어떻게 키우느냐에 따라 인간은 물질적 존재나 동물처럼 영혼만 가진 존재에 머무를 수도 있고, 지성을 잘 발전시킨다면 천사에 버금가는 존재로까지 성장할 수 있다는 의미입니다.

기계론적 세계관과 부자의 꿈

인간에 대한 믿음은 당시 과학 발전을 이끈 기계론적 세계관과 어우러집니다. 기계론적 세계관이란, 어떤 전체를 알려면 그 전체를 구성하는 요소를 알면 된다는 생각입니다. 세상은 마치 거대한 기계와 같아서 인간이 그 기계의 구성 부품을 알면, 세상이 어떻게 변화할지도 알 수 있다는 결정론적 시각이지요.

18세기 프랑스의 수학자이자 천문학자 피에르 라플라스Pierre Laplace는 다음과 같은 가설을 세웠습니다.

"우주에 있는 모든 원자의 정확한 위치와 운동량을 아는 존재가 있다면, 뉴턴의 운동법칙을 이용해 과거와 현재의 모든 현상을 설명하고 미래까지 예언할 수 있을 것이다."

후대 사람들은 이 가설 속 존재를 '라플라스의 악마'라고 이름 붙였습니다. '악마'라고 할 만큼 미래를 예측하는 능력은 그야말로 무섭고도 어마어마한 힘입니다. 과학이 발전하면서 인류는 옛 선조가 보기에 마법과도 같은 힘(지식)을 가지게 된 것

입니다.

이렇게 인간이 자연 질서를 이해하고 지식을 터득하자 자연 환경을 변화시키면 더 풍요롭게 살 수 있을 거란 생각이 자라났습니다. 유토피아를 향한 꿈을 키우게 된 것이죠. 게다가 르네상스를 거치면서 유럽의 경제체제도 근본적인 변화를 겪습니다. 농경 사회에서 상업 중심 사회로 변화하기 시작한 것입니다. 농경 사회에서는 작물을 많이 재배하고 수확해 봤자 다 먹지 못하면 쓰레기가 되었지만, 시장이 활성화된 사회에서는 남은 생산물을 팔아 화폐로 바꿀 수 있었습니다. 생산물을 교류하는 일이 빈번해지고 화폐에 믿을 만한 가치가 생기자, 사람들은 더 많이 생산하려고 노력했습니다. 이른바 '더 많이' 생산하면 '더 부자'가 될 수 있다고 생각하는 자본주의 체제가 열렸죠. 사람들은 더 많이 생산하고 더 효율적으로 일할 수 있는 기술을 개발하고, 발명품을 만들어 갔습니다.

그리고 마침내 인류는 산업혁명을 일으키며 자연을 이용하는 기술에 혁신을 이룹니다. 과학적 지식의 성장과 기술의 발전은 이제까지 자연의 위력 앞에 무기력했던 인류에게, 자연이란 인류의 '더 행복한 삶을 위한 자원 창고'라는 생각을 품게

했습니다. 땅을 파헤쳐 석탄을 캐내고, 그 석탄을 때서 증기기관을 돌리고, 그 증기기관으로 더 많은 생산물을 만들어서 온 세상의 인류를 풍요롭게 하겠다는 희망에 찼지요. 인류 문명의 위대한 기폭제가 터진 것입니다.

인간은 이제 우주의 주인으로서 자연을 지배하는 존재처럼 여겨졌습니다. 더 넓은 세상을 향해 도전하고, 자연을 마음대로 누릴 수 있는 새로운 방법을 찾아 나섭니다. 이것이 바로 근대라고 불리는 선조의 역사이며, 신의 나라에서 인간의 나라로 옮아가는 패러다임의 변화라고 할 수 있습니다. 오늘날 우리가 부딪히는 환경 위기는 바로 과거 패러다임의 변화가 일으킨 결과입니다.

물론 같은 시기에 다른 목소리도 있었습니다. 지구는 에덴동산이 아니며, 지구 자원을 인간만을 위해 무분별하게 사용해서는 안 된다고 외치는 사람들이 있었죠. 1970년대에 들어서면서 전 세계가 산업화에 열을 올리자 생태계 유지 운동을 표방하며 개발에 비판적인 사람들이 늘어났습니다. 이러한 운동을 포스트모더니즘(탈근대)이라고 하는데요. 세상을 인간과 자연, 이렇게 이분법으로 바라보면 안 된다고 주장했지요. 또

▲ 1960년대 미국 중산층의 상징이었던
제너럴모터스의 캐딜락(위)과
1970년대에 기성세대의 관습을 부정하고
자연과의 교감을 추구했던 히피족의 모습(아래).

인간과 자연은 분리할 수 없으며, 자연을 개발하고 자원을 낭비하는 생활 방식은 도덕적으로나 생태적으로 잘못이라고 경고했습니다.

그런데 이 경고는 역설적으로 사람들에게 이상한 고정관념을 심었습니다. 도덕적 비판이 때로는 반발심을 불러일으키듯이, 윤리적이고 생태적인 생각과 행위는 경제성장을 방해한다고 믿게 했죠. 언제까지라도 계속될 것만 같은 '지속적 성장'이라는 꿈을 향해 정신없이 달려가던 대기업의 광고 카피와 부유한 국가들의 정치 슬로건이 사람들의 눈과 귀를 가린 건지도 모르겠습니다. 오늘날 감기만큼 흔한 우울증과 늘어나는 자살률을 볼 때, 지금까지의 경제성장이 우리에게 양적(물질적) 풍요를 가져다준 것은 분명해 보이는 반면에 삶의 질적 측면에서는 행복을 가져다주지 못한 것 같으니까요.

휴머니즘에서
포스트휴머니즘으로

그럼 다시 포스트휴먼 이야기로 돌아가 보겠습니다. '여섯 번째 대멸종'이라는 재앙적 운명 앞에 우리가 떠올린, '인류는 그래도 괜찮을지 몰라. 마지막에는 포스트휴먼이라는 새로운 종으로 진화할 수 있으니까!'라는 신박한 아이디어 말입니다. 인류가 정말 포스트휴먼으로 진화할 수 있을지, 아니면 그 진화가 도래하기 전에 극한상황에 내몰릴지 아직은 아무도 모릅니다. 분명한 것은 어떤 경우든 인류 역사에서 위대한 한 시대, 즉 르네상스 이후 세계를 지배한 휴머니즘의 시대와 그 패러다임이 끝나 간다는 사실입니다.

흔히 우리는 인간다운 삶을 두고 '휴머니즘'이라는 말을 쓰는데, 이 말은 왠지 따뜻한 인간애가 숨 쉬는 듯 들립니다. 힘들고 어려운 사람에게 손을 내미는 사람들의 모습을 보면서 우리는 인간다운 삶을 자랑스럽게 여기기까지 합니다. 치열한 생존경쟁의 터전에서 살아가는 야수와는 달리, 인간은 서로 아끼며 돕는 삶을 인류가 추구해야 하는 바람직한 삶으로 여겨 왔습니다. 총알이 빗발치는 전쟁터에서도 적군과 아군을 가리지 않고, 단지 상대가 인간이라는 이유만으로도 존중받아야 한다고 생각했죠. 그러나 그 따뜻한 인류애로 가득한 휴머니즘의 또 다른 얼굴은 '인간중심주의'입니다.

휴머니즘 시대에 인류는 인간다운 삶을 위해 경제를 발전시키고 산업혁명을 통해 삶의 물질적 조건을 풍요하게 만들려 노력해 왔습니다. 그러나 그 노력의 결과로 어쩌면 인류는 돌이키기 어려운 낭떠러지로 밀려나고 있는지도 모릅니다. 지구온난화와 기후 재앙, 수많은 생물의 멸종 위기는 우리가 그 낭떠러지에 얼마나 가까이 다가가고 있는지를 나타내는 지표입니다. 이러한 위기 상황에 놓인 인류에게 과연 희망이 있을까요?

▲ 〈오즈의 마법사〉, The Yellow Brick Road Film, 1939년.
〈오즈의 마법사〉는 회오리바람에 집을 날려 버린 소녀 도로시의 모험 이야기입니다. 도로시는 집으로 돌아오기 위해 오즈의 마법사와 담판을 짓겠다는 놀라운 선택을 하지요.
그동안 인류는 어떤 폐허 속에서도 늘 희망을 좇는 선택을 해왔습니다. 스스로에게는 물론, 허수아비에게는 똑똑한 두뇌를, 양철 나무꾼에게는 심장을, 겁쟁이 사자에게는 용기를 얻도록 도움을 주면서 말이지요.

인간이 행동에 나서는 데는 두 가지 동기가 있습니다. 보통 공포와 두려움으로 행동에 나서지만, 때로는 희망을 붙들고 행동에 나서기도 합니다. 어떤 경우에든 경계해야 할 것은 무지無知입니다. 지금 처한 위기가 무엇인지 똑바로 이해하지 못한다면, 미래를 위한 선택도 현명하게 내릴 수 없을 테니까요. 오늘의 위기를 두고 과거 선조의 선택과 노력을 비난할 수만은 없습니다. 그때는 맞았고 지금은 틀렸을 뿐이죠. 그렇다고 해서 지나간 일을 무조건 덮어 버리자는 말은 아닙니다. 뭔가 잘못되었다면 그 뿌리를 찾아내는 일은 무엇보다 중요합니다.

다만 과거에 대한 후회와 공포, 두려움에 따라 행동하기보다는 희망에 의지해서 행동하는 일, 그것이야말로 더 인간다운 행동입니다. 이제 그 희망을 발견하는 일을 차근차근 시작해 보겠습니다. 그러려면 먼저 우리 시선을 조금 멀리 두고 부분이 아니라 전체를 바라보는 방식으로 바꾸어야 합니다.

휴머니즘이 역사의 무대에 본격적으로 등장한 것은 르네상스 시기입니다. 흑사병 팬데믹이 수백 년간이나 유럽을 휩쓸고 지나간 뒤였죠. 신도 구원하지 못한 바이러스 공격을 인간은 스스로 견뎌 냈고 르네상스라는 새로운 시대를 열었습니

다. 과학기술과 문화 예술이 눈부시게 발전했고 지금까지도 전 세계 인류가 그 혜택을 누리고 있습니다. 요즘 식으로 말한다면 르네상스는 '포스트흑사병' 또는 '포스트페스트'라 할 수 있습니다. 그렇다면 최근 사람들이 궁금해하는 '포스트코로나'는 무엇일까요?

'포스트휴머니즘Posthumanism'이라는 개념이 있습니다. 두 가지로 해석할 수 있는데, 하나는 포스트휴먼-이즘이고 다른 하나는 포스트-휴머니즘입니다. 포스트휴먼-이즘은 첨단 기술의 발전으로 인간의 생물학적 한계를 뛰어넘는 포스트휴먼이 나타난다는 뜻이고, 포스트-휴머니즘은 인간중심주의 휴머니즘이라는 패러다임이 그 효력을 다했다는 뜻입니다.

앞으로는 '새로운' 휴머니즘(인간다움)이 필요하다는 것이죠. 지구환경을 인간이 편리한 대로 마구 개발하고, 인간의 터전을 위해 다른 생명체의 살 곳을 가차 없이 파괴하고, 무분별한 화석연료 사용과 그에 따른 탄소 배출로 기후 재앙까지 초래하며 인간을 포함한 수많은 생명체를 대멸종에 이르게 했기 때문입니다. 어쩌면 코로나19 팬데믹이 역사상 계속된 어느 바이러스와의 사투이기보다는 대멸종 시나리오에 포함된 장면일지도 모를 일입니다. 그래서 우리는 포스트휴머니즘을 더욱더 치열하게 모색해야 합니다.

2장

미래를 만드는 두 개의 시나리오

우리에게 다가오는 미래는?

미래는 어떤 모습으로 다가올까요? 수많은 SF 작품이 미래를 상상해 그려 냅니다. 우리가 흔히 접하는 SF 작품은 주로 영화나 애니메이션이죠. SF가 공상Fiction + 과학Science으로 풀이될 때는 현실이 될 수 없는 과학적 공상에 불과한 이야기로 취급되었습니다. 하지만 과학적 상상이 하나하나 현실로 이루어지는 오늘날에는 과학 문학Science Fiction이라 불리며 현실이 될 수도 있는 이야기로 인정받습니다.

그래서 SF 작품마다 주된 이야기는 다르지만 우리는 각 작품의 장면 장면에서 미래 사회의 신기한 모습을 다양하게 볼 수 있습니다. 하늘을 나는 자율 주행 차와 멋진 미래 도시, 최첨단 의료 설비, 다양한 형태의 인공지능 로봇, 그리고 똑똑한 사물들이 가득한 주거 환경 등 상상 이상의 미래가 눈앞에 펼쳐지지요.

그런데 최근 만들어진 SF영화 속 '지구'의 모습은 어떤가요? 이미 몇 년 전 화제를 모은 〈인터스텔라〉와 〈레디 플레이어 원〉 그리고 최근 작품인 〈승리호〉는 각각 2067년, 2045년, 2092년의 미래를 배경으로 합니다. 이 영화들 속에서 인간은 지구 밖 위성 도시나 사이버 세계를 터전으로 삼습니다. 쓰레기와 먼지에 뒤덮여 식량을 구하기도 어려운 지구에서는 하급

계층으로 분류된 인간들이 고군분투하며 살아가죠. 이게 어떻게 된 일일까요?

과학자들은 지금과 같은 기후변화 상황이 이어진다면, 어벤져스가 똘똘 뭉쳐도 지구를 구할 수 없다고 입을 모아 말합니다. 2년 이상 이어진 팬데믹 상황 속에서 우리는 놀라운 사실을 종종 확인했습니다. 세상이 불타고 있다는 사실을 말입니다. 2019년 원인 모를 산불이 오스트레일리아를 덮쳐 6개월간이나 이어졌고, 서울 면적의 80배에 육박하는 산림이 모두 타버렸습니다. 사람들은 물론, 숲에 살던 야생동물들도 큰 피해를 보았죠. 산불은 오스트레일리아뿐 아니라 미국 캘리포니아, 튀르키예, 그리스, 캐나다 등의 나라에도 끊임없이 발생해 대규모로 이어졌고, 앞으로도 계속 이어지리라 전망합니다.

기후변화로 나타나는 암울한 징후는 이뿐만이 아닙니다. 겨울에 눈이 많이 오던 지역에는 눈이 오지 않고 오히려 하와이 같은 아열대 지역에 폭설이 내리는가 하면, '얼음의 땅'이라 불리는 시베리아는 유례없는 폭염을 겪어야 했습니다. 서유럽의 난데없는 홍수는 또 어떠했나요? 북극 빙하가 녹아내려 어미 곰과 새끼 곰이 생이별하는 모습을 보고도 기후변화의 경고를 외면했던 사람들조차 최근 연달아 일어나는 산불과 폭염, 홍수와 폭설 등의 재난에 심상치 않은 기운을 느낍니다.

전문가들은 묻습니다. 불타는 세상을 이대로 보고만 있을 거냐고 말이지요. 2015년 세계 195개국이 탄소 배출량Carbon Emission을 줄이고 지구 온도가 더는 올라가지 않도록 향후 40년간 함께 노력하기로 한 파리협정(파리기후변화협약)이 만장일치로 통과되었고, 2021년 11월 영국 글래스고에서 다시 만난 세계 정상은 탄소 배출 감소 목표를 점검하고 2년마다 결과 보고

★ 두 협약에 모두 서명한 대한민국은 전 세계에서 탄소 배출량 9위, 1인당 연간 탄소 배출량 6위(2019년 기준)에 오르며 '기후 악당 국가'란 평가를 받고 있다.

서를 내기로 다시 한번 합의했습니다.[★]

2019년부터 매주 금요일이면 전 세계 청소년이 거리로 나와 시위를 한다는 사실을 알고 있나요? 이들은 "바닷물이 높아지니 우리도 일어난다.", "지금이 아니면 내일은 없다." 같은 문구를 적은 피켓을 들고 기후 위기 해결을 위한 '행동'이 필요하다고 외치고 있어요. 스웨덴의 십 대 환경 운동가 그레타 툰베리Greta Thunberg가 시작한 일명 '기후를 위한 등교 거부' 운동입니다. 기후 위기 문제가 심각하다는 사실을 깨닫고 매주 금요일이면 등교하는 대신 국회의사당 앞에서 일인 시위를 시작한 툰베리는 전 세계 청소년을 거리로 이끌었습니다. 2019년 기후 위기 대응을 위한 유엔 총회에서도 툰베리는 기후 위기를 막기 위한 미래 세대의 요구를 밝히는 연설을 하기도 했습니다.

"모든 미래 세대의 눈이 여러분을 향하고 있습니다. 여러분이 우리를 실망시키기를 선택한다면, 우리는 결코 용서하지 않을 것입니다."

지난 50년 동안 무분별한 화석연료 사용으로 말미암은 기후 위기의 책임을 어른 세대에게 묻는 연설이었지요. 기후 위기는 몇 가지 사회문제와도 연결되는데, 툰베리를 통해 드러

▲ 그레타 툰베리(위)와 '미래를 위한 금요일' 행진(아래).

난 세대 갈등, SF 작품 속에서도 확인할 수 있는 극단적인 빈부 격차 등이 대표적입니다. 즉 기후 위기 대응은 단순히 환경문제 해결만을 위한 것이 아니라는 뜻입니다. 툰베리의 목소리와 행동은 '미래를 위한 금요일'이라는 이름으로 널리 퍼져 세계적인 현상이자 운동이 되었습니다.

이제 우리가 지구를 예전으로 되돌릴 수는 없습니다. 불행히도 이것은 종말론적 예언이 아니라 과학적 예측입니다. 우리와 미래 세대는 바뀐 환경에서 살아갈 수밖에 없어요. 멸종한 생물도, 녹아내린 빙하도, 죽은 산호초도, 파괴된 원시림도 되살려 놓을 수는 없습니다. 우리가 할 수 있는 최선은 변화의 폭을 감당할 수 있는 범위로 억제해 총체적인 파국을 피하고 기후변화가 초래할 재앙을 막는 것뿐입니다. 그러기 위해서는 2030년까지 탄소 배출량을 절반으로 줄이고 2050년까지 탄소 배출량을 0으로 만들어야 합니다. 따라서 다가올 2030년과 2050년이 인류의 운명을 좌우한다고 해도 과언이 아닙니다.

어때요, 인류 운명의 갈림길이 10년도 채 남지 않았다니 답답하고 두려운 마음이 드나요? 하지만 같은 상황도 어떻게 표현하느냐에 따라 다르게 다가옵니다. 물이 반쯤 담긴 컵을 보고 “물이 반도 안 남았네.”라고 할 때와 “물이 반이나 남았네.” 라고 할 때 느낌이 확 달라지듯이 말이에요. “기후 위기에 대응하기 위해 우리에게 남은 10년!”이라고 할 때도 마찬가지입니다. ‘고작 10년’이라고 받아들이면 위축되지만 ‘아직 10년’이라고 받아들이면 행동에 나설 의지가 생기죠.

우리가 어떤 노력을 하든 노력을 하지 않든 지구는 존속할 것입니다. 물론 지금과는 다른 환경으로 바뀌겠지만요. 문제는 우리입니다. 인간은 공룡처럼 사라질 수 있는 생명체니까요. 어쩌면 지구 역시도 수많은 생명이 연결된 거대한 생명 덩어리일지 모릅니다. 우리가 지구 온도를 지금보다 낮출 수는 없겠지만 더는 높아지지 않도록 노력한다면, 지구도 함께 우리를 도와 어떤 기적이 일어날 수도 있지 않을까요?

사느냐 죽느냐, 그것이 문제로다!

"신은 인간을 창조했고, 셰익스피어는 인간을 발명했다!"라는 찬사를 받는 윌리엄 셰익스피어William Shakespeare는 영국의 위대한 작가로 손꼽힙니다. 설령 셰익스피어라는 이름을 모르더라도 『로미오와 줄리엣』을 썼다고 하면 누구나 고개를 끄덕일 만한 극작가지요. "오, 로미오, 당신은 왜 로미오인가요?"만큼이나 유명한 그의 또 다른 작품 속 대사가 있는데, 바로 "사느냐 죽느냐, 그것이 문제로다!"입니다. "짜장이냐 짬뽕이냐, 그것이 문제로다!"와 같이 오늘날에도 다양하게 인용되는 문장입니다. 그런데 책 속에 나오는 이 대사의 뒷부분은 이렇습니다.

> 가증스러운 운명의 돌팔매와 화살을 그냥 참을 것인가,
> 밀물처럼 밀려드는 역경에 맞서 싸워 이길 것인가.

약 500년 전 사람인 셰익스피어가 햄릿이라는 비극 속 인물을 통해 던진 이 문제는 500년 후를 살아가는 우리가 맞닥뜨린 문제와 비슷해 보입니다. 우리는 늘 어떤 선택에 직면하고 둘 중 하나를 선택해야만 합니다. 물론 객관식 시험에서는 다섯 개 보기 중 하나를 선택하지만, 따지자면 애초에 답이 될 수 없는 보기 세 개와 끝까지 갈등하게 하는 보기 두 개가 합쳐진 것이죠. 풀든 찍든 헷갈리는 보기 중 하나를 선택해야만 하고, 선택의 책임은 자기 몫입니다.

햄릿이 그랬듯이 둘 중 하나를 선택해야 하는 양자택일의 상황에 놓이면 우리 인간은 어떻게 할까요? 아마도 두 가지 경우를 한번 상상해 볼 겁니다. 가증스러운 운명의 돌팔매와 화살을 참은 채 온몸이 찢기고 멍이 들더라도, 혹은 그로 인해 죽

▲ "사느냐 죽느냐, 그것이 문제로다!"라는 햄릿의 고뇌는
오늘날 우리가 직면한 질문이기도 하다.

음에 이르게 되더라도 계속 참고 살지, 아니면 수동적으로 죽을 바에야 밀물처럼 밀려드는 역경에 맞서 싸워 볼지 말입니다. 어차피 죽는다면 결과는 마찬가지이고, 혹시 이긴다면 그보다 더 좋을 수는 없겠지요.

만약 선택의 시간이 넉넉하게 주어진다면, 두 가지 경우를 좀 더 구체적으로 생각할 수 있습니다. 필요한 정보를 충분히 참고하면 더 구체적이고 유용한 시나리오를 그릴 수 있을 테니까요. 즉 첫 번째 경우를 선택할 때 참아야 할 돌팔매와 화살의 고통이 죽지는 않을 만큼인지, 또는 도저히 참을 수 없을 정도인지 알아내거나, 두 번째 경우를 선택할 때 밀려드는 역경을 체계적으로 분석해서 어떤 방법으로 싸울지 작전을 세울 수 있습니다.

이렇게 불확실한 미래 상황을 상상하는 능력은 오늘날의 기술 문명을 이루어 온 인류의 필살기입니다. 눈에 보이지 않고 다다르지 않은 미래를 상상하는 능력이지요. 일기예보처럼 때론 틀리기도 하지만, 예측 가능한 상황을 촘촘히 골라 다양한 정보를 최대한 수집하고 시나리오를 구체적으로 써 내려가다 보면 갈등하던 선택의 방향을 정할 수 있습니다. 제 목숨을 건 햄릿의 선택만큼 우리 인류의 운명이 걸린 선택이라면 시나리오가 정말 중요하겠지요.

최근 들어 인류는 코로나19 팬데믹을 겪으며 '유례없는' 상황에 자주 직면했습니다. 인류의 근미래 시나리오에 4차 산업혁명이나 로봇 시대, 초지능·초장수 시대는 등장했지만 팬데믹은 없었습니다. 더욱이 2년이 넘는 팬데믹의 시간을 살아 내는 동시에 기후변화의 불길한 징후를 종종 경험하다 보니, 그

신종 코로나 19
예방 활동 준수와
학생들의 건강과 안전을 위해
당분간 학교 출입을
통제합니다.
목원초등학교
코로나 19
확산방지대책
마스크
미착용시
학교출입을
금지합니다

동안 주요하게 다뤄지지 않았던 기후 재앙과 인류세 대멸종이라는 비극적 시나리오에 주목하게 되었습니다. '인류 멸종'이라는 끔찍한 시나리오가 과학에 기초한 이야기이며, 팬데믹이 현실로 나타났듯이 이 또한 현실이 될 수도 있다는 사실을 깨달았기 때문입니다.

『사피엔스』라는 책을 쓴 이스라엘 역사학자 유발 하라리Yuval Harari도 "인류는 소행성과의 충돌을 두려워할 것이 아니라 우리 자신을 두려워해야 한다."라고 말했습니다. 그동안 총 다섯 차례 대멸종을 겪은 지구가 홀로세란 이름으로 살아온 1만 2000년이란 시간이 거의 끝나 가고 있음을 경고한 것입니다. 그리고 지난 대멸종이 주로 화산 폭발이나 소행성 충돌 때문이었다면 다가오는 여섯 번째 대멸종은 현생인류인 사피엔스가 자초했다고 지적합니다.

멸종이나 멸망을 이야기하는 종말론은 언제나 있었습니다. 신화나 종교가 세상을 지배했던 시대에는 물론, 인류가 우주 시대를 열고 나서도 마찬가지였어요. 1999년 7월에 종말이 온다고 했던 노스트라다무스Nostradamus의 예언에 이어 1999년 12월 31일 자정을 지날 때 컴퓨터 버그로 지구 종말이 온다던 Y2K

종말론도 당시 전 세계 인류를 심장 떨리게 했지요. 이렇듯 오랫동안 다양한 종말론에 내성이 생겨서인지 기후 재앙과 인류세 대멸종의 시나리오가 나온 지 수십 년이 지났어도 인류는 흔들리지 않았습니다. 최근 넷플릭스에서 개봉한 영화 〈돈 룩 업Don't Look Up〉을 보아도 종말론을 대하는 사람들의 내성이 얼마나 강한지 잘 알 수 있습니다. 어쩌면 50년 후의 대멸종보다 당장 5분 후, 50분 후 삶의 현실이 더 벅차기 때문일지도 모르죠.

하지만 오랜 시간 팬데믹을 비롯해 원인 모를 거대한 산불과 잦은 태풍과 홍수, 바닷물이 끓어오르는 기이한 기후 재난을 겪으면서 사람들의 생각이 점차 바뀌고 있습니다. 멸종이 단번에 오지 않고 서서히 우리의 숨통을 조여 온다는 사실을 깨달은 것입니다. 그래서 우리는 다시금 직면합니다. 운명의 돌팔매를 참고 견딜지, 맞서 싸울지 선택해야 할 타이밍이 지금이란 것을요.

첫 번째 시나리오: 운명의 돌팔매와 화살을 온몸으로 맞는다

2050년 인류가 탄소 배출량을 줄이는 데 실패할 경우를 상상해 봅니다. 아니, 배출량을 줄이는 노력을 다하지 않은 경우라고 해야 정확하겠지요. 기후 위기가 과장되었거나 음모론이라 믿는 사람들, 기후변화는 과학적 사실이라 믿지만 그에 따른 재앙은 먼 미래의 일이라 생각하는 사람들, 그리고 이 모든 문제를 외면해 온 사람들의 수가 훨씬 더 많을 때 다가올 미래입니다. 그렇게 마지막 10년을 무의미하게 보내고 맞는 가까운 미래 2050년의 지구는 어떤 모습일까요?

우선 인간이라는 생명체가 살아가는 데 꼭 필요한 공기와 물이 어떻게 될지부터 살펴보겠습니다. 탄소 배출량 감축의 실패는 곧장 극심한 대기오염으로 이어지리라 예측할 수 있습니다. 세계는 2000년대에 들어서면서 이미 미세 먼지의 심각성을 체감했고, 2020년 코로나19 팬데믹이 아니었어도 마스크는 일상의 일부분으로 자리 잡았었죠.

2050년 공기의 질은 미세 먼지가 아니라 모래 폭풍에 가깝습니다. 〈인터스텔라〉 같은 영화에 나오듯이 태풍처럼 휩쓸고 가는 먼지 폭풍은 숨쉬기를 어렵게 만들 뿐만 아니라 농지와 황무지를 구분할 수 없게 해 농사를 포기해야 합니다.

공기만큼이나 중요한 물을 얻기도 어렵습니다. 과거 자선 모금 캠페인 영상에서 흔히 보았던, 흙탕물을 식수로 마시는 아프리카 사람들의 모습은 전 세계인의 일상이 됩니다. 차이가 있다면 수도꼭지에서 흙탕물이 약하게 흘러나온다는 것이죠. 한꺼번에 엄청난 비가 쏟아지는 집중호우는 늘었지만, 꾸준히 땅을 적시거나 하우스 농사라도 지을 수 있는 강수량은 점점 줄어 물 부족 국가가 아닌 곳이 없을 지경입니다. 비가 잘 내리지 않으니 대기질은 점점 더 나빠질 수밖에 없고 섭씨 3도 가까이 상승한 지구 온도는 질 나쁜 대기에 오존 농도까지 높아지게 만들어 외부 활동이 위험합니다.

2020년부터 지속되어 온 원인 모를 산불로 해마다 1200만 헥타르의 열대우림이 사라지고, 2050년이 되자 유럽 전체 면적에 맞먹는 10억 헥타르의 숲이 지구상에서 사라집니다. 그 숲에 살던 포유류, 조류, 어류, 양서류의 개체 수는 60퍼센트 멸종하고요. 숲만이 아니라 바다도 뜨거워집니다. 전 세계 산

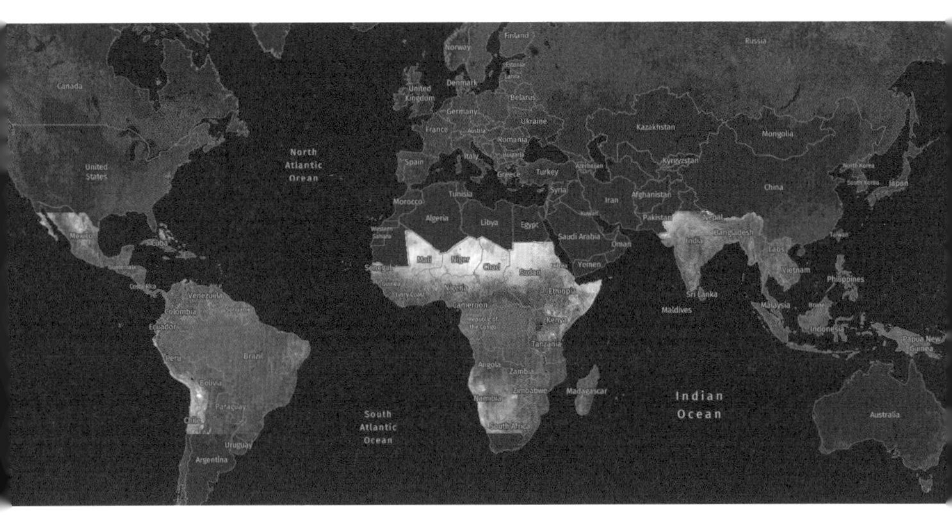

▲ 세계 숲 현황 조사 기관 '글로벌 포레스트 워치(GFW)'의
전 세계 산림 파괴 현황 지도(2020년 기준). 붉은색 부분이 유실된 정도를 나타낸다.

호초의 절반이 죽고, 빙하가 녹아 해수면이 20센티미터나 높아지면서 대규모의 소금물이 땅에 스며들어 섬 지역은 살 수 없는 땅으로 변해 버립니다.

외부 활동이 위험하다면 실내에서 생활해도 되지 않겠냐고요? 미국, 유럽과 같은 대도시 중심의 선진국과 달리 아프리카, 동남아시아, 중앙아시아 국가의 사람들은 위험을 무릅쓰고 외부에 장시간 머물 수밖에 없습니다. 안 그래도 더운 나라는 더 더워지고 변변치 않은 실내는 기온이 더 높아 찜통 같은 실내보다는 차라리 공기가 나쁜 외부에 머무는 편이 나으니까요. 높아진 기온 때문에 잘사는 나라 사람들은 비교적 안전한 실내에서 에어컨을 실컷 틀고 지내지만, 에어컨으로 인한 탄소 배출의 풍선 효과는 아프리카와 아시아의 가난한 나라들을 더욱 살기 힘든 지옥으로 만듭니다. 결국 참다못한 사람들은 살던 곳을 떠나 조금이라도 나은 곳을 찾아 전 세계를 떠돕니다. 이들을 기후 난민이라고 부르지요.

물론 미국과 유럽도 지역에 따라 차이가 있습니다. 기후변화에 따른 홍수와 산불은 잘사는 나라와 가난한 나라를 가리지 않고 일어나니까요. 그나마 홍수나 산불을 피한 미국, 유럽, 오스트레일리아의 일부 지역은 땅값이 치솟아 그 비용을 감당할 수 있는 사람들만 상대적인 안전을 누리지만, 이 역시 언제까지 지속될지 아무도 모릅니다. 그나마도 힘들어지면 이들은 화성이나 위성 지구가 된 달로 이주하겠지요.

기후변화가 빈부 격차를 가속화할 것이란 예측은 상상 그 이상의 결과로 이어집니다. 대기오염이 심각해지자 맑은 공기와 물은 높은 가격에 거래되는데, 일반인들은 생일 같은 특별한 날에나 선물로 받고 그나마 흙탕물이라도 마실 물이 모자라 샤워는 꿈조차 꿀 수 없습니다. 화장실도 마찬가지이지요.

그럼 이번에는 사회적 동물인 인간에게 필요한 의식주 문제를 생각해 볼까요? 숲이 사라진 공간에 새롭게 들어찬 것은 버려진 헌 옷으로 이루어진 인공 동산입니다. 2020년이 지나면서 인간이 버린 의류 폐기물 양이 재활용하지 못한 플라스틱

▼ 프랑스 작가 크리스티앙 볼탕스키는 버려진 옷 30톤을 모아 〈노 맨스 랜드(No Man's Land)〉라는 설치 작품을 만들었다.

폐기물 양을 앞지릅니다. 그나마 자연 유래 성분의 의류는 시간이 지나면 일부 자연으로 돌아가지만, 화학섬유로 된 의류 폐기물과 플라스틱 폐기물은 뒤섞여 곳곳에 거대한 쓰레기 산을 이루거나 모래가 사라진 해안을 뒤덮습니다. 몇 년 전부터 뒤늦게 탄소 배출을 줄이느라 쓰레기 소각도 할 수 없게 되자 세상은 온갖 쓰레기로 넘쳐 납니다. 대기오염에 쓰레기의 악취까지 마스크 없이는 숨조차 쉴 수 없습니다. 형편없는 주거 환경이야 쉽게 예상할 수 있겠지요.

상황이 이렇게 되자 각 나라의 정부는 모든 국민에게 자율적인 새 옷 쇼핑을 금지하고, 작아지거나 낡아서 입을 수 없게 된 옷과 신발을 확인한 후에야 재활용 물품을 배급합니다. 어차피 매일 씻을 수도 없고 먼지 때문에 코와 입을 감싸야 하니, 깨끗하고 멋진 새 옷도 필요 없습니다. 대신 사람들은 메타버스 같은 가상 세계에서 쇼핑을 즐기곤 합니다. 물론 여기서도 빈부 격차가 드러납니다. 가상 세계라 하더라도 일반인에게 명품 쇼핑은 그림의 떡이니까요. 어쩌면 메타버스에서의 양극화가 현실에서보다 더 극심하게 느껴지기도 합니다.

패션에 대한 욕구는 그렇다 치더라도 사람들을 가장 힘들게 하는 것은 음식입니다. 인간이 살기 힘들어진 지구는 가축들에게도 마찬가지입니다. 이런저런 전염병이 돌아 소, 닭, 돼지 농장이 점점 사라지는 바람에 육식은 오래전에 만들어진 먹방 영상 또는 메타버스 체험으로나 대체할 수 있습니다. 농작물 또한 물 부족과 대기오염으로 농사가 어려워져 귀해지는 바람에 정부에서 기본 소득에 포함해 나누어 주는 일정한 양에 의존해야 합니다. 부족한 영양분은 정부에서 공급하는 영양제로 채우고요.

2020년 이전에 살았던 사람들은 이건 사는 게 아니라며 탄식하지만, 그 후에 태어난 사람들은 그저 이것이 일상이려니 하며 적응합니다. 힘든 일상을 잊으려고 메타버스에 오랫동안 머물면서 말이죠.

두 번째 시나리오: 밀물처럼 밀려드는 역경에 맞서 싸운다

2050년 인류가 탄소 배출량을 줄이는 데 성공할 경우를 상상해 봅니다. 2015년 파리협정 이후로 각 나라는 자신들이 이루고자 했던 탄소 감축 목표를 단계적으로 달성합니다. 2030년 탄소 배출량을 절반으로 줄이고, 2040년에는 그 절반으로 줄여 2050년이 되자 드디어 탄소 순 배출량 제로를 달성한 후 전 세계가 다 함께 축배를 듭니다. 이대로라면 2100년 무렵 지구의 온도 상승은 섭씨 1.5도 이내가 되리라 전망합니다.

미국과 유럽, 아니 전 세계 어디를 가도 대기질은 지난 100년을 통틀어 가장 깨끗하고 상쾌합니다. 2030년까지 이어진 노력으로 원인 모를 산불은 그 빈도가 줄어들고, 잃어버린 숲을 되돌리기 위해 부자 나라들의 공공 예산과 대기업들의 막대한 기부금으로 대대적인 나무 심기 운동이 30년 동안 벌어집니다. 더구나 열섬 현상★ 탓에 대기질이 나쁜 대도시도 지속적으로 녹지 면적을 넓힌 덕분에 쾌적하게 바뀝니다.

대도시의 대기질이 좋아진 이유는 또 있습니다. 휘발유나 디젤 같은 내연기관 자동차가 30년 만에 사라지고, 친환경 자동차가 그 뒤를 잇습니다. 대중교통도 마찬가지로, 고속철도가 전기철도망을 따라 전 세계 어디로든 연결됩니다. 대륙 내에서 철도로 연결되지 않은 나라는 없습니다. 시간이나 공간의 제약 없이 여행을 즐길 수 있게 된 사람들은 구태여 비행기를 이용하지 않습니다. 태양광을 이용하는 비행기도 연료 소비 효율을 높이려 느린 속도로 운항하기 때문에 창밖 풍광을 즐기다 맘에 드는 곳이 있으면 어디서든 내릴 수 있는 고속철

★ 에너지 대량 소비로 도시 기온이 주변 지역보다 높아지는 현상이며, 도심 내 녹지 조성으로 완화할 수 있다.

주요 국가별 온실가스 감축 목표

국가	감축 목표
대한민국	2030년까지 **24.4%** 감축(2017년 기준)
미국	2025년까지 **26~28%** 감축(2005년 기준)
EU	2030년까지 최소 **40%** 감축(1990년 기준)
캐나다	2030년까지 **30%** 감축(2005년 기준)
일본	2030년까지 **26%** 감축(2013년 기준)
러시아	2030년까지 **25~30%** 감축(1990년 기준)
브라질	2025년까지 **37%** 감축(2005년 기준)
중국	2030년까지 GDP 원단위 **60~65%** 감축(2005년 기준)
인도	2030년까지 GDP 원단위 **33~35%** 감축(2005년 기준)
인도네시아	2030년까지 무조건 **29%** 또는 조건부 **52.4%** 감축

도를 이용하는 편이 훨씬 편리하니까요.

이렇게 탄소 배출을 획기적으로 줄이는 데는 큰 결심이 필요했습니다. 세계경제를 좌우하던 에너지원인 화석연료, 특히 석유 중심의 경제체제와 미련 없이 결별했기에 가능한 일입니다. 기후 위기에 관한 위기의식이 높아질수록 각국의 기업이 부담해야 하는 탄소세가 높아졌고, 기업 운영에서도 여러 제약이 따르자 다들 앞다투어 재생에너지 개발 경쟁에 뛰어들었습니다.

기적처럼 놀라운 일도 일어납니다. 비가 적게 오는 사막에 태양광 패널을 대대적으로 설치하자 전기를 생산할 수 있을 뿐 아니라, 태양광 패널이 만든 넓은 그늘에 풀이 자라면서 양들이 찾아오고 사막은 차츰 초원으로 바뀌는 등 믿기 어려운 환경이 만들어집니다. 더구나 모래사막에서 불어오던 황사까지 잦아들자 사막에서 멀리 떨어진 지역의 대기질까지도 나아집니다.

화석연료를 사용해야 전기를 얻던 시절에는 오지나 저개발 국가에까지 전기를 공급하기 어려웠지만, 이제는 집이나 마을, 작은 단위 지역에 설치된 태양광이나 풍력을 활용한 소형

전력망 덕분에 어디에서나 전기를 생산하고 사용할 수 있습니다. 모든 건물이 이 전기를 이용해 빗물을 모아 자체적으로 물을 정화하다 보니, 누구나 깨끗한 물을 마시고 사용할 수 있습니다. 게다가 인터넷을 통한 원격수업으로 교육의 기회를 얻고 어디에서나 원격의료 서비스를 받을 수 있습니다.

2050년을 살아가는 사람들은 한 세대 전 사람들의 삶에서 기이한 모습을 발견하기도 합니다. 전 세대 사람들은 좁은 공간에서 비위생적으로 키운 동물을 먹고 살았습니다. 지나친 육식으로 환경은 물론 스스로의 건강을 위협하면서 말이지요. 더구나 가축을 대량으로 사육할 수 있었던 나라에서 도축한 소나 돼지, 양과 닭을 다른 나라로 수출까지 했다고 하니, 다양한 배양육이 일반화된 지금의 상황에서 보면 살아 있는 동물을 죽여야 고기를 먹을 수 있었던 과거가 끔찍하게 느껴집니다.

과거 세계화 시대에는 마치 전 세계가 하나인 것처럼 완벽한 분업화가 이루어져 대량으로 생산하고 소비했습니다. 하지만 탄소 배출을 줄이기 위해서는 세계화라는 거대한 시스템보다 작은 공동체 시스템이 훨씬 효율적이고 유리하다는 생각으로 바뀌면서 많은 게 변합니다. 쓰지 않고 먹지 않을 물건을 생

▲ 영국 최초의 성공적인 에너지 효율 도시가 된 베딩톤 제로 에너지 단지(위)와
태양광을 활용한 생태 도시로 알려진 독일 프라이부르크 보봉 마을의 제로 에너지 주택(아래).

산해서 쌓아 두거나 시간이 지나 폐기하는 악순환을 끊어 낸 것이 무엇보다 큰 성과입니다.

저탄소 시대에 에너지 순환을 효율적으로 하려면 작은 공동체, 특히 마을 단위로 움직이는 게 유리합니다. 동시에 사람들 간의 협력이 중요하지요. 태양광 패널을 통해 집마다 전기를 생산하거나 풍력발전기를 통해 마을마다 생산한 전기를 함께 모으고 남은 전기를 나눌 수 있습니다. 마을 단위로 빗물을 모아 정수한 물을 생활용수로 사용하면서 마을 공동체는 곧 에너지 공동체가 됩니다. 공동체에 속한 사람들은 사용한 에너지 비용을 지불하고 남겨 둔 에너지를 되팝니다.

그러다 보니 혼자 일하고 혼밥을 하며 사는 데 익숙했던 사람들도 자연스럽게 공동체 활동에 활발히 참여하고, 남녀노소 구분 없이 '혼자'의 삶이 아닌 '공동'의 삶을 소중히 여깁니다. 당연히 소외나 고독에서 비롯한 사회문제는 사라집니다. 에너지를 펑펑 쓰던 과거의 기준에서 보면 다소 불편한 삶일 수 있지만, 대신 공동체에 속한 사람들은 연대감을 느끼면서 행복한 삶이 무엇인지 차츰 깨닫습니다.

우리가 선택한 미래

미래未來는 말 그대로 '아직 오지 않은 시간'입니다. 하지만 우리의 현실은 이미 미래의 밑그림을 그리고 있지요. 어제오늘 시험공부를 하지 않고 내일 시험에서 만점을 받을 수 없듯이 현재 우리의 행동과 노력이 미래를 좌우합니다. 앞서 우리는 두 가지 시나리오를 살펴보았습니다. 지구 온도를 섭씨 1.5도 이상 높이지 않도록 탄소 배출량을 줄이는 데 실패한 경우와 성공한 경우를 말이죠.

보통 양자택일이 어려운 이유는 각 선택의 결과가 그럴듯한

장단점을 모두 가지고 있어서입니다. 하지만 우리에게 주어진 두 가지 미래 시나리오를 보면, 고민할 필요조차 없어 보입니다. 누구도 첫 번째 시나리오를 택하지는 않을 테니까요. 가야 할 길이 분명하다면 이제 선택에 대한 고민이 아니라 어떻게 행동할 것인가에 대한 방법을 찾아야겠지요. 물론 그 길이 결코 쉽지는 않겠지만요.

어느 날 한 젊은 과학자가 천문대에서 별의 움직임을 관찰하고 있었습니다. 별은 밤에만 관측할 수 있기에 그날도 커피

시나리오별 지구 기온 전망(단위: ℃)

시나리오	2021~2040년		2041~2060년		2081~2100년	
	최적 추정치	범위	최적 추정치	범위	최적 추정치	범위
최저 배출	1.5	1.2~1.7	1.6	1.2~2.0	1.4	1.0~1.8
저배출	1.5	1.2~1.8	1.7	1.3~2.2	1.8	1.3~2.4
중배출	1.5	1.2~1.8	2.0	1.6~2.5	2.7	2.1~3.5
고배출	1.5	1.2~1.8	2.1	1.7~2.6	3.6	2.8~4.6
최고 배출	1.6	1.3~1.9	2.4	1.9~3.0	4.4	3.3~5.7

를 마시며 천체망원경과 연결된 컴퓨터를 유심히 들여다보고 있었죠. 그러다 우주 먼 곳에서 지구를 향해 날아오는 제법 큰 혜성을 하나 발견합니다. 과학자는 새로 발견한 혜성에 최초 발견자인 자기 이름을 붙일 기대에 차 기뻐합니다. 함께 일하는 과학자들과 모여 축하 파티도 열었지요.

하지만 기쁨도 잠시, 혜성 궤도를 계산해 보니 6개월 남짓이면 지구와 정면으로 부딪친다는 답이 나옵니다. 그렇게 되면 최소한 인류는 멸종하게 될 테니, 이 끔찍한 사실을 하필 파티 중에 발견한 과학자들은 자신들에게 주어진 마지막 시간 동안 어떻게 해서든 혜성의 궤도를 틀게 하려 고군분투합니다. 당시 기술력으로 충분히 가능한 일이기도 했고요. 결과는 어떻게 되었을까요?

이것은 앞서 언급한 영화 〈돈 룩 업〉의 줄거리입니다. 인류 앞에 닥친 위기가 6개월 후 혜성과의 충돌이냐, 30년 후 기후 재앙이냐의 차이가 있을 뿐 이른바 '여섯 번째 대멸종'에 직면한 인류가 보일 수 있는 다양한 태도가 영화 속에서 적나라하게 드러납니다. 우리에게는 6개월이 아니라 10년이란 시간이 주어졌다는 게 불행 중 다행이고 축복이긴 하지만, 10년이란 시간도 기후 재앙을 막을 수 있을 뿐 높아진 지구 온도를 낮추거나 변화한 기후를 되돌릴 수는 없습니다. 빠른 결심과 행동이 지금 당장 필요한 이유이지요.

그런데 이러한 결심과 행동에 한 가지 전제가 필요합니다. 바로 낙관적인 마음가짐입니다. 시험 날짜가 코앞에 다가오면 벼락치기로 공부하는 이유는 두려움이죠. 부모님이나 선생님에게 혼날까 봐 두렵고 걱정하는 마음 말입니다. 하지만 벼락치기가 그렇듯 두려움은 잠시뿐입니다. 두려움을 견디고 넘어서야 불확실한 미래를 좀 더 넓은 시각으로 바라볼 수 있습니다. 미래를 보는 관점을 바꾸면 실제로 놀라운 변화가 생기죠.

과거에는 세상을 바꾸려면 히어로 같은 존재가 필요했습니다. 다른 말로 '시대의 영웅'이라고도 했죠. 위대한 정치가나 학자와 사상가를 아우르는 '현자'가 나타나야 했습니다. 하지만 지금의 시스템을 바꾸기 위해서는 평범한 개인의 노력이 필요합니다. 사회와 경제체제는 모두 우리 개개인의 사고방식이 만들어 낸 산물이니까요. 다시 말해 자원은 무한히 채취하고 마음껏 쓰고 버려도 된다는 사고방식을 버리고, 자연과 조화를 이루는 삶으로 나아가겠다는 결심이 필요합니다.

인간을 빼면 자연은 늘 모자라거나 넘치는 일 없이 순환합니다. 생태계의 자정작용 또는 야생 재건이라는 현상을 보면 알 수 있습니다. 황폐해진 숲이나 오염된 바다를 건드리지 않고 오랜 시간 내버려 두면 알아서 서서히 회복하지요. 그런데 인간이 개입하면서 그 균형이 깨어졌으니 이제는 달라져야 해요. 이를테면 한번 사용한 자원을 다른 용도로 다시 쓰고, 쓰레기를 최소한으로 줄이고, 고갈된 자원은 보충하려고 애써야 합니다. 결국 인간의 모든 기술을 동원해 지구환경을 잘 '관리'해야 할 것입니다.

얼핏 개인의 '노력'이란 말이 마치 개인의 '희생'처럼 들리기도 합니다. 태어날 때부터 익숙한 풍족함을 갑자기 포기하기란 쉽지 않지요. 하지만 인간만을 생각하고 자원을 낭비하는 삶의 태도가 팬데믹을 일으킨 주요 원인이고, 코로나 팬데믹이 끝나더라도 계속해서 더욱 진화된 바이러스가 우리를 공격할지 모른다면 이야기는 달라집니다. 개인의 노력은 불편한 게 아니라 건강을 지키는 행동이 되니까요. 이것이 포스트코로나 시대를 살아갈 포스트휴머니즘이 아닐까요?

3장

굿바이, 석유 시대!

기묘한 이야기

'풍차의 나라' 혹은 '튤립의 나라'라고도 불리는 네덜란드는 그 별칭처럼 흥미로운 이야기를 품고 있습니다. 네덜란드를 배경으로 한 동화 『한스 브링커』도 그중 하나죠. 동화 속 주인공 한스 브링커는 바닷물을 막는 제방에 구멍이 나서 마을이 위험에 처하자 손과 팔로 구멍을 막아 마을을 구해 냅니다. 지어낸 이야기이지만, 이 소년의 영웅담은 '땅이 바다보다 낮다.'라는 뜻의 나라 이름처럼 열악한 환경과 자비가 없는 자연에 맞서 싸워 온 네덜란드인의 역사를 의미하는 듯

합니다. 그런데 네덜란드에는 믿기 어려운 이야기가 또 하나 있습니다.

지금은 네덜란드의 상징이 된 튤립은 그 자체로도 아름답지만, 해마다 200만 송이 이상이 해외로 수출되어 경제적으로도 큰 이익이 되는 효자 상품입니다. 본래 네덜란드가 아니라 중앙아시아의 파미르고원이 원산지였던 튤립은 특유의 고운 색과 우아함 덕분에 11세기부터 페르시아인들에게 특별 대우를 받게 됩니다. 여기에 '사랑의 고백'이란 꽃말까지 얻으면서 프러포즈를 준비하는 연인들의 필수 아이템이 되었죠.

페르시아인이 사랑한 튤립은 상인들에 의해 네덜란드까지 전해졌고, 마침 꽃을 좋아하는 네덜란드인들의 취향을 제대로 저격합니다. 그렇게 차츰 네덜란드 땅에 퍼지기 시작하던 튤립은 알뿌리를 공격하는 모자이크 바이러스에 감염되면서부터 꽃 색깔이 다양한 색으로 변형됩니다. 그러자 특이하고 희소성 있는 색깔의 튤립 구근이 점점 더 비싼 가격에 거래되었죠. 튤립 구근 하나 값이 집 한 채 값에 맞먹거나 당시 잘나가던 직업인 목수의 20년 치 연봉보다 높게 치솟았다고 해요. 심지어 1636년에는 주식처럼 튤립을 거래하는 시장이 개설되어

▲ 얀 브뤼헐, 〈튤립 광풍 풍자화〉, 1640년경.
튤립 투기에 휘말려 이성을 잃어버린 사람들을 원숭이로 묘사했다.
왼쪽에는 튤립 투기로 이득을 본 모습을,
오른쪽에는 튤립 버블이 꺼진 뒤 절망에 빠진 모습을 담았다.

선물거래까지 이루어졌다고 합니다.

지금 생각해도 믿기 어려운 17세기 네덜란드 튤립 소동은 수요와 공급, 매점매석, 기회비용, 거품 현상, 거래소, 선물거래 등 다양한 경제 개념을 쉽게 설명할 때 자주 소환되곤 합니다. 최근 비트코인이라는 가상 화폐의 기이한 가격 폭등 상황을 비유하는 데 언급되기도 했지요. 그만큼 단순한 해프닝이 아니라 경제사에 기록된 중요한 사건입니다. 17세기 네덜란드 튤립 소동은 18세기 금을 찾는 광풍 '골드러시'로, 19세기 주식 열풍으로, 20세기 석유 전쟁으로 이어졌습니다. 어쩌면 21세기에는 메타버스나 NFT, 가상 화폐가 그 역할을 할지도 모르겠네요.

한때 우리나라도 동해 깊은 곳 어디선가 석유가 나올 수 있다는 희망에 차 있었었습니다. 석유가 나오는 나라, 즉 산유국이 된다는 것은 엄청난 행운이죠. 국민이 특별히 노력하지 않아도 부자 나라가 될 수 있으니까요. 특히 1970년대 석유파동을 겪은 사람들에게 석유 같은 자원은 전 세계를 쥐락펴락할 수 있는 무기로 여겨졌습니다.

여러분도 조금만 관심을 기울이면, 뉴스에서 물가 경제지표

를 이야기할 때 여전히 석유 1배럴당 가격을 중심으로 설명한다는 것을 알 수 있습니다. 어디 그뿐인가요? 우리나라가 어려운 역경을 이기고 잘사는 나라가 되었다는 사실을 강조할 때

"석유 한 방울 나오지 않는 나라 대한민국의 경제성장"이라고들 하죠. 지난 50~60년간 세계는 석유를 중심으로 돌아갔다고 해도 과언이 아닐 거예요. 처음에는 석탄이, 나중에는 석유가 '검은 황금'이라 불리며 세계경제를 좌우했습니다. 그런데 이제 그동안 우리 삶을 풍요롭게 했던 에너지원인 화석연료와 이별해야만 할 시점에 다다랐습니다.

같은 시대를 사는 사람들은 다수가 비슷한 관점으로 세상을 바라보기 마련입니다. 옛사람들이 동쪽에서 뜨고 서쪽으로 지는 해를 보며 '태양이 지구를 중심으로 돈다.'라고 생각한 것도 어찌 보면 당연했지요. 그러다가 태양이 아니라 지구가 태양 주위를 돈다는 증거가 하나둘씩 발견되면서 사람들은 서서히 '아! 지구가 태양 주위를 도는 거구나.'라는 생각을 받아들입니다. 그렇게 시간이 흐르면 한때 사람들이 태양이 지구를 중심으로 돈다고 믿었다는 사실 자체를 의아해하는 의아한 일이 벌어지죠.

앞서 사회나 경제 시스템은 결국 개인의 사고방식에서 비롯한다고 했습니다. 달랑 튤립 구근 하나가 집 한 채 값과 맞먹는 상황을 받아들이는 기이한 사고방식이 당시의 경제체제를 만들었듯이, 세상의 가치를 석유 중심으로 바라보는 관점도 경제와 정치 등 사회 영역에 큰 영향을 끼쳤습니다. 생각이나 믿음을 바꾸기는 결코 쉬운 일이 아닙니다. 오랜 시간이 걸릴 뿐만 아니라 수많은 희생이 뒤따르기도 하지요. 지금도 지구 어딘가에서 서로 종교가 다르다는 이유로 테러나 전쟁이 일어납니다. 하지만 절대다수의 사람이 생각을 바꾸면, 그때부터 세상은 다르게 바뀔 수 있어요. 지금부터 그 이야기를 해 보려고 합니다.

2021년 가을, 지난 2년간의 코로나19 팬데믹 상황을 조금씩 극복해 가던 우리에게 이런 뉴스가 전해집니다.

요소수 대란, 물류 대란 오나?

요소수 품귀 현상에 사재기까지!

소방서에 나타난 '요소수 기부 천사'

요소수가 대체 뭘까요? 2015년 우리나라는 대기오염을 줄이기 위해 경유를 사용하는 디젤차에 배기가스 저감 장치SCR를 장착하도록 법으로 정했습니다. 이 장치는 촉매를 이용해 화석연료가 연소할 때 발생하는 질소산화물을 질소와 수증기로 분해합니다. 이때 촉매제 역할을 하는 것이 요소수입니다. 요소수는 차량 구동에 직접 관여하지는 않지만, 요소수가 떨어지면 기름이 떨어진 것과 같도록 자동차가 설계되었죠. 즉 요소수를 넣기 전까지는 시동을 다시 걸 수 없으니, 디젤차 운전자에게는 요소수가 제2의 연료나 다름없습니다.

디젤차는 주로 화물을 운송하는 대형 트럭이 대부분이라 요소수도 연료만큼 일반 승용차보다 훨씬 더 많이 필요합니다. 그러다 보니 디젤차 운전자는 귀한 요소수를 구해야 하는 어려움에 비용 부담까지 이중고를 겪지요. 안 그래도 코로나로 물류 배송이 쏟아지는 상황에서 요소수 품귀 현상은 물류 대란으로까지 이어질 수 있기에 한동안 뉴스는 관련 소식으로 떠들썩했습니다.

그런데 환경문제와 연관 지어 생각하면 요소수 대란은 참 아이러니합니다. 요소수는 요소와 정제수의 화합물인데 요소는 석탄에서 얻습니다. 본래 우리나라에서도 생산했었지만, 탄소 배출과 화석연료 사용을 줄이기 위해 국내 석탄 공장이 문을 닫은 후로는 중국에서 주로 수입해 왔어요. 하지만 중국도 탄소 배출을 줄이기로 하면서 석탄 생산을 중단하고 나서는 오스트레일리아에서 석탄을 수입해 왔죠. 그러던 중 최근 오스트레일리아와의 무역마찰로 석탄 수입이 중단되자 그 여파가 요소수 생산과 수출 차질로 이어졌고, 결국 우리나라의 요소수 대란으로까지 번졌습니다.

요소수 대란을 크게 압축해 보면, 대기오염을 줄이는 필수

촉매제(요소)를 대기오염 물질(석탄)에서 얻는데 환경을 위해 이 대기오염 물질의 생산을 중단하자 일어난 사태라고 할 수 있습니다. 여기서 흥미로운 점은 법적으로 요소수 없이는 디젤차를 아예 구동조차 할 수 없게 제한한 상황에서 요소수 대란이 이어진다면, 도리어 대기오염과 관련한 거대한 악순환의 고리가 끊어질 듯 보인다는 것입니다. 예전부터 대기오염을 줄이기 위해 내연기관 차의 비중을 줄이고 전기차나 수소차 같은 친환경 차량의 비중을 늘려야 한다는 요구가 점점 커지고 있었지만, 엉뚱하게도 요소수 대란 때문에 그 시기가 앞당겨지게 되리라고는 아무도 예측하지 못했으니까요. 환경보호에 꼭 필요한 요소수가 대기오염의 주범인 석탄에서 생산되는 아이러니만큼, 요소수 대란으로 휘발유나 디젤연료를 사용하는 내연기관 차가 전기차나 수소차로 대체되는 시기가 빨라지게 된다는 사실이 재미있고 반갑습니다.

또 다른 한편으로 요소수 대란은 과거 세계와 우리나라 경제에 엄청난 파급효과를 일으킨 '오일쇼크'를 떠올리게 합니다. 1973년 아랍 산유국들과 이스라엘 사이에 벌어진 중동전쟁으로 국제 유가가 4배 이상 껑충 뛰어올라 세계경제가 휘청

▲ 2차 석유파동 당시 기름을 구하려 줄을 선 우리나라 사람들(위)과
미국 메릴랜드주 주유소에 길게 늘어선 자동차들(아래)의 모습.

였습니다. 미국과 서방국가들이 이스라엘을 지지하자, 아랍의 6개 산유국이 이들 나라에 원유 공급을 중단하기로 하면서 1차 오일쇼크가 발생했죠. 그로 인해 세계 물가가 치솟고 외환시장이 불안해지면서 은행이 파산하는 등 경제 위기로 이어졌습니다.

당시 산업화가 한창 진행되던 우리나라도 짧은 시간에 빠르게 석유 의존도가 높아졌던 까닭에 타격이 컸습니다. 공장 가동이 중단되고, 교통수단에도 차질이 생겼으며, 각 가정의 전기 공급과 난방에도 문제가 생겼죠. 도시 야경을 화려하게 물들이던 네온사인이 일제히 꺼지고, 동네마다 석유를 사려는 사람들의 행렬이 꼬리에 꼬리를 물고 길게 이어졌습니다.

반면 석유라는 자원이 빚어낸 권력에 눈을 뜬 아랍 산유국들은 세계경제의 핵심 주역으로 떠올랐고, 우리나라도 아랍 국가와의 외교 문제를 무엇보다 중요한 이슈로 여기기 시작했습니다. 그렇기에 오늘날까지도 전 세계가 여전히 끊이지 않는 중동 지역의 크고 작은 내전과 전쟁에 온 신경을 쏟고 있지요.

석유로 만든 세상

석탄과 석유가 지난 50~60년간 세계경제를 주도했다는 데서 우리는 경제가 자연(자원)에서 비롯했다는 사실을 엿볼 수 있습니다. 그리고 지난 100년간 우리가 경제 시스템을 구축하기 위해 자연을 어떻게 대해 왔는지도 드러나지요.

『2001 스페이스 오디세이』 저자이자 SF 문학계의 거장인 아서 클라크Arthur Clarke는 "기술이 충분히 진보하면 마법과 다를 바가 없다."라고 말했습니다. 1968년 영화로 만들어진 클라크의 작품은 놀랍게도 태블릿 PC를 등장시켜 2000년대에 다시 주목받았고 2010년에 리메이크되기도 했습니다. 이런저런 이유로 클라크의 말에는 남다른 무게가 실리지요. 그의 말대로 지난 100년간 과학기술과 화석연료의 컬래버레이션은 정말이지 마법 같았습니다.

〈삼시세끼〉나 〈안 싸우면 다행이야〉 같은 예능 프로그램을 보면, 출연진이 벽돌로 화덕을 만들고 나무 땔감을 가져다 힘들게 불을 피우는 장면이 나옵니다. 처음에는 불이 잘 붙도록 입으로 바람을 후후 불어 대다가 부채질을 하기도 하고 손 선

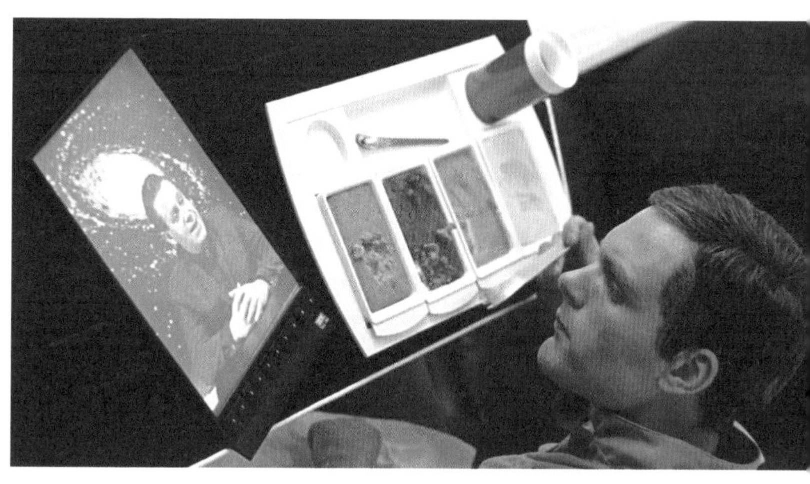

▲ 1968년 영화 〈2001 스페이스 오디세이〉에서 우주인이 태블릿 PC처럼 생긴 기기를 보며 식사하는 장면.

풍기나 헤어드라이어 등 바람을 일으키는 기구를 사용하기도 하죠. 불을 피우는 일은 물론, 겨우 불을 붙이고 나서도 피어오르는 연기를 감당하며 음식을 만드는 일도 꽤 힘들어 보입니다. 이른바 '야생 버라이어티'라 불리는 예능 프로그램 속 활동이 실은 오랜 시간 인류의 일상이었지요.

여러분의 조부모님 중에서도 땔감을 구하러 뒷산을 헤매던 어린 시절을 기억하는 분들이 꽤 많을 거예요. 그 시절이 지난 뒤에 석탄 난로와 연탄이 나왔고, 곧 석유나 석유에서 생산되는 다른 연료로 대체되면서 최소한 난방과 조리를 위한 땔감 걱정은 하지 않게 되었죠. 불을 처음 사용하기 시작한 인류의 에너지원이 오랜 세월 사용한 나무에서 석탄으로 바뀌었을 때를 가리켜 '혁명'이라고 부릅니다.

1776년 제임스 와트James Watt가 첫 번째 상업용 증기기관을 출시했고, 기차나 기계의 엔진을 움직일 물을 끓이는 데 본격적으로 석탄이 사용되었죠. 석탄을 사용한 증기기관은 더 많은 기차와 기계를 움직이게 했고, 1790년에 발명된 증기기관이 장착된 방적기로 인해 더 많은 석탄 생산이 필요하게 되었어요. 석탄 생산량이 늘어날수록 훨씬 더 많은 기차와 기계를 움직일 수 있었고요. 이렇듯 더 많은 에너지로 더 빠른 이동과 더 많은 물건을 만들어 낸 변화가 1차 산업혁명이었습니다.

석유가 석탄이 하던 일을 대체하게 된 것은 또 한 번의 혁명이었습니다. 이동 수단의 에너지원을 한번 생각해 볼까요? 고대 로마 시대 전투에 사용되었던 과거까지 거슬러 올라가면 마차의 역사는 수천 년에 이릅니다. 말 한 마리가 이끄는 마차부터 여러 마리가 끌고 최대 22명이 탈 수 있는 마을버스 규모의 마차까지 다양했죠. 마차를 끄는 말이 달릴 때 미끄러지지 않도록 깔아 놓은 돌길은 오로지 마차를 위한 도로 인프라였습니다. 지금도 유럽이나 오래된 도시에서 쉽게 볼 수 있지요.

그러다 이동 수단의 에너지원이 증기기관의 석탄에서 석유로 바뀌었을 때를 상상해 봅시다. 쉴 틈 없이 석탄을 퍼 넣지 않아도 기차는 더 빨리 달릴 수 있게 되었습니다. 자동차는 또 어떤가요? 휘발유만 넣으면 말 수십 마리가 끄는 힘으로 도로를 달릴 수 있습니다. 지금은 말 1000마리가 끄는 파워에까지 이르렀고요. 게다가 이동 수단은 자동차뿐 아니라 빠르고 멀리 갈 수 있는 고속철도, 선박, 비행기에, 심지어 우주선으로까지 발달했습니다.

2000년 이후 태어난 여러분에게는 인터넷과 스마트폰 사용이 너무나 당연하고 자연스러운 일상일 것입니다. 인터넷이 안 되는 상황에 놓이면 무척 답답하고 당황스러울 거예요. 자동차나 고속철도, 비행기와 같이 빠르고 멀리 갈 수 있는 이동수단도 마찬가지로 이용할 수 없게 되면 멘붕에 빠지겠지요.

이른바 야생 버라이어티 예능 프로그램이 늘어나고 인기를 얻는 것은 요즘 많은 사람이 편안한 집을 두고 수고롭게 캠핑을 떠나듯이, 힘겹게 불을 피우고 번거롭게 음식을 만들어 먹고 불편하게 잠드는 직간접적 경험이 재미있는 데다 야생 본능을 자극해서일 것입니다. 손가락과 눈만 주로 혹사하는 스마트 시대에 온몸을 움직여 일한 보람도 느낄 수 있을 테고요. 하지만 그런 경험에 재미를 느끼는 것도 결국 터치만 하면 따뜻함과 안락함이 보장되는 일상이 있기 때문입니다.

이렇게 우리는 화석연료라는 에너지원을 밑거름 삼아 멈추지 않는 성장을 이루어 왔고, 오늘날에도 성장을 꿈꾸고 있습니다. 어쩌면 이런 성장이 끝도 없이 나아가리라는 착각 속에 살고 있었지요. 성장 지상주의에서 빼놓을 수 없는 미덕인 '효율성'은 그동안 '화학'이란 단어가 떠받쳐 왔습니다. 화학비료는 농산물의 생산성을 높였고 제초제와 농약의 역할도 상당했지요. 비료와 살충제뿐 아니라 트랙터 등의 농기계 연료, 수확물의 운송과 포장 및 저장에 쓰이는 화석연료는 우리의 식탁을 풍성하게 만들었습니다. 80억 인구가 살아가는 지구에서 언제라도 식탁 위에 오를 준비가 된 닭 10억 마리를 사육할 수 있는 것 또한 화석연료 덕분입니다. 화석연료가 여러분의 '1인 1닭'을 가능하게 해 주었죠.

석유는 쉽게 얻을 수 있는 반면에 신비로운 물질의 성질을 지닌 재료입니다. 또 채굴이나 운송이 쉬우면서도 발산하는 에너지는 어마어마하죠. 1배럴의 석유가 방출하는 에너지양은 노동자 다섯 명이 1년 동안 뼈 빠지게 일한 에너지와 맞먹는다고 하니까요. 석유 자체가 부가가치인 셈입니다. 인류가 석탄에 이어 석유에 열광하면서 화석연료는 지난 100년간 미래를 바라보는 인간의 눈을 멀게 했습니다.

석유의 연금술로 탄생한 황금, 플라스틱

〈해리 포터〉 시리즈 1편에는 해리 포터와 그 일행이 지키려 고군분투한 '마법사의 돌(원제를 직역하면 '철학자의 돌')'이라는 아이템이 나옵니다. 이 돌은 연금술의 대표 아이템으로, 닿기만 하면 금속을 순수한 금으로 바꾸고 아픈 사람도 불로장생하게 만든다고 알려진 마법의 물건입니다. 하지만 아쉽게도 과장된 신비주의의 상징이자 판타지 소설에나 등장하는 물질이기도 하지요. 만약 현실에 이런 물질이 존재한다면 어떨까요?

지난 100년간 석유가 우리 일상에서 마법사의 돌 역할을 해

왔다고 해도 과언이 아닙니다. 그리고 석유에 이어 가느다란 실에서부터 크고 단단한 형태로 얼마든지 다양하게 성형할 수 있는 물질이 탄생합니다. 바로 '플라스틱'이죠. 자연에서 유래한 모든 것은 시간이 지나면 닳고 상하고 썩기 마련입니다. 당연한 자연의 순환 법칙을 거스르며 탄생한 물질, 즉 '가볍고 썩지 않는 기술'은 마술과 같은 과학혁명이었습니다. 그렇게 탄생한 플라스틱의 진화는 끊임없이 이어졌습니다.

플라스틱 없이 지금의 코로나19 팬데믹을 겪는다고 상상해 봅시다. 대체할 수 없는 물품만 열거하더라도 마스크, 백신용

다양한 중합체의 플라스틱 구조

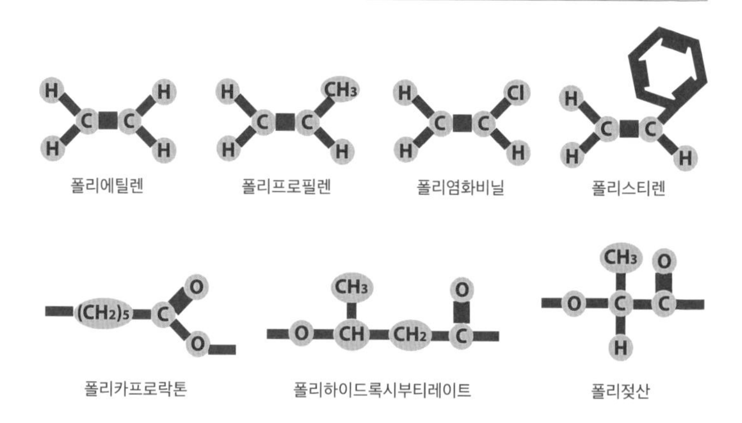

주사기, 방역복을 비롯한 여러 방역 장비, PCR 진단 키트 등 너무나 많지요. 사실 플라스틱의 발명은 의료 혜택이 널리 전파되는 데 큰 역할을 했습니다. 그 전에는 유리나 철제 의료 기구를 사용했는데 관리하기 불편할뿐더러 제대로 소독하기 어려운 탓에 세균 감염이나 바이러스 전파가 쉽게 일어나 위험했지요. 플라스틱으로 만든 일회용 주사기는 그 자체로 의료 혁신이었습니다. 바이러스의 정체도 몰랐고 백신이나 치료제 없이 사람 간 접촉만 차단해야 했던 팬데믹 초기에 플라스틱 의료 기구는 매우 유용했습니다.

플라스틱이 빛을 발한 것은 의료 영역에서만이 아닙니다. 오늘날 우리가 실시간으로 즐기는 대부분의 인류 문화는 플라스틱과 함께 급성장했습니다. 대표적인 예로 과거 소수의 부유한 사람들만이 라이브로 향유해 온 음악이 있지요. 음악은 본래 지위가 높거나 잘사는 사람들의 결혼식 또는 생일 같은 특별한 날을 위해 작곡되고, 그들만을 위해 실내나 야외에서 연주되었습니다. 그런 음악이 플라스틱을 이용해 음반 형태로 보급되면서 누구나 일상적으로 즐길 수 있게 되었습니다.

또 돈과 시간을 들여 극장을 찾아야 볼 수 있었던 연극은 필름이 발명되면서 영화로 만들어지고 여러 사람이 동시에 감상할 수 있게 되었죠(이제 미디어 대부분이 디지털 형태로 바뀌었지만요). 그러면서 자연스레 '대중문화'라는 개념이 생겨납니다. 본방송을 시청하지 않아도 넷플릭스 같은 OTT 플랫폼으로 다양한 영상물을 즐길 수 있는 지금의 문화 혁신이 가능한 것도 플라스틱 덕분이라 할 수 있습니다. 라디오나 텔레비전 같은 플라스틱 제품을 통해 문화 콘텐츠가 대중에게 널리 알려지고, 다양하게 생산·재생산될 수 있었으니까요.

플라스틱이 이룬 혁신적 변화를 생각하면, 위에서 예로 든 몇 가지는 그저 빙산의 일각일 뿐입니다. 무거운 쇠로 만들어진 자동차, 선박, 비행기 같은 이동 수단도 플라스틱이 여러 부속품을 대체하면서 훨씬 가벼워진 데다 낮은 비용으로 빠르게 달릴 수 있게 되었습니다. 플라스틱 없이 엄청난 에너지가 필요한 우주 비행을 상상이나 할 수 있었을까요? 게다가 화학섬유는 천연섬유보다 훨씬 질기고 견고한데도 저렴해서 옷과 이불, 신발을 비롯해 건설 및 농수산업 등에서 다양하고 광범위하게 사용되었어요. 이처럼 플라스틱은 화석연료를 이용한 발명 중 가장 대단한 것이라 할 수 있습니다.

하지만 세상의 일이란 밝은 면이 있으면 어두운 면도 반드시 있는 법이죠. 썩지 않는 기술 혹은 썩지 않는 물질의 마법은 이제 그 유통기한이 다한 듯 보입니다. 전 세계 어떤 오지를 가더라도 플라스틱 쓰레기가 발밑에 차이고 굴러다니는 세상이 되었으니까요. 극단적으로는 어린아이들이 플라스틱 폐기물이 산더미처럼 쌓인 곳을 놀이터 삼거나 쓰레기 더미가 생계를 위한 주된 일터가 된 풍경을 우리는 방송을 통해 종종 확인하곤 합니다. 썩지도 않고 재활용도 제대로 안 된 플라스틱 쓰레기를 더는 감당할 수 없는 지경이란 뜻이죠.

어쩌면 우리 일상에서 가장 생산성 높은 활동은 쓰레기 생산이 아닐까 합니다. 배달, 택배, 테이크아웃 등등 오늘 하루 자신이 생산한 쓰레기가 얼마나 되는지 되돌아보면 바로 확인할 수 있는 문제입니다. 지금은 대다수 지구인이 한때 문명의 혜택으로 누려 온 플라스틱을 사용하는 일에 경중의 차이는 있으나 모종의 죄책감을 느낍니다. 플라스틱 마법의 유통기한이 끝나 갈 즈음해 경제적·정치적 사고 전환에 직면한 것은 아닐까요? 플라스틱을 포함한 화석연료 사용 전반에 대한 회의, 나아가 미래 에너지 시스템의 거대한 전환을 직감했기 때문이겠지요.

▼ 인도네시아 주민들의 터전을 뒤덮어 버린 플라스틱 쓰레기.

4장

미래를 바꾸기 위한 마음가짐

그린 & 클린, 원더랜드를 꿈꾸며

월트디즈니 영화 〈알라딘〉과 할리우드 블록버스터 영화 〈미션 임파서블〉의 배경이기도 했고, 코로나 이전 해외여행 예능 프로그램에도 자주 등장했던 두바이는 놀라운 도시입니다. 여름이면 습도가 80퍼센트, 기온이 섭씨 50도에 육박하는 도심에 인공 스키장을 짓고, 사막 한가운데에 거대한 인공 호수를 만들기도 했어요. 인간이 세운 최고층 빌딩이라 불리는 부르즈 칼리파도 유명한데, 이 모든 게 이른바 석유 부자의 '플렉스'겠지요?

그런데 누군가 “두바이는 어느 나라 도시인가요?”라고 물으면 선뜻 대답하기 어렵습니다. 서울은 아는데 대한민국은 모르는 외국인이 많다지만, 두바이는 도시 이름인지 나라 이름인지도 불분명해요. 사실 두바이는 도시이자 나라이기도 합니다. 1971년 영국에서 독립한 아라비아반도의 작은 토후국 중 7개국★이 모여 아랍에미리트연합국이라는 연방 국가를 결성했는데, 두바이도 그중 하나입니다. 아랍에미리트연합국의 수도인 아부다비도 두바이와 같은 하나의 토후국이지요. 2022년 월드컵이 열리는 카타르 역시 아라비아반도의 토후국으로, 아랍에미리트연합국 결성에 참여하지 않고 따로 독립했습니다.

아랍에미리트연합국은 1960년대에 바닷속에서 유전을 발굴했고, 지금은 세계에서 여섯 번째 산유국이 되었습니다. 그런데 이 연방국은 꽤 오래전부터 탈석유 시대를 준비해 왔다고 해요. 석유가 한 방울도 나지 않는 나라조차도 석유와의 결별을 받아들이지 못하는 마당에 세계에서 손꼽히는 산유국이

★ 아부다비, 두바이, 샤르자, 아지만, 움알쿠와인, 라스알카이마, 푸자이라로 이루어져 있다.

▲ 에너지 효율을 극대화하도록 설계되고
내연기관 자동차 진입이 금지된 아랍에미리트연합국의 마스다르 시티.

세계 최초의 탄소 제로 도시를 건설하고 있었다니 믿기 어렵습니다.

도시 전체가 거대한 발전소인 아랍에미리트연합국의 탄소 중립 도시 마스다르 시티는 도시에서 필요한 모든 에너지를 태양열, 지열, 풍력에서 얻습니다. 보통 탄소 중립 도시를 만들 때는 세 가지 전략이 있는데, 자연 생태, 도시계획 그리고 공학 기술입니다. 마스다르 시티는 높은 열기와 습도, 사막의 모래바람이라는 자연의 악조건을 활용한 역발상과 개인용 자동차를 없애고 모든 대중교통을 전기화한 도시계획, 이를 뒷받침하는 상당한 공학 기술이 모여 만들어 낸 모범 사례입니다.

그런데 놀라운 점은 이 도시를 짓는 데 쓰인 비용이 석유에서 비롯했다는 사실이에요. 탄소 배출의 주범인 석유를 팔아 탄소 중립 도시를 건설했다니 아이러니하지요. 하지만 한 걸음 더 들어가 생각해 보면, 뜨거운 사막 한가운데에 스키장을 만들 수 있는 석유 부자조차 미래 세대를 위해 화석연료를 포기하고 탄소 제로 도시를 지었다는 사실 자체가 이미 에너지 패러다임이 바뀌고 있다는 방증이 아닐까요?

탄소는 현대인의 일상생활에서 끊임없이 배출될 수밖에 없습니다. 단적으로 지금 우리가 마치 신체의 일부처럼 여기는 스마트폰을 예로 들어 볼게요. 우리의 일상이 된 검색(을 비롯한 다양한 인터넷 사용)은 전 세계의 항공교통이 배출하는 양보다 더 많은 이산화탄소를 방출한다고 해요. 우리가 더 많이 검색할수록, 가상 세계와 더 가까워질수록 탄소 배출량은 늘어나지요. 애플 같은 IT 기업이 친환경 또는 신재생에너지(시스템) 사용에 앞장서는 이유이기도 해요.

'탄소 중립'이란 탄소 배출량을 최대한 줄이고, 부득이하게 배출되는 탄소는 녹지를 늘리거나 기술적으로 흡수해서 제로로 만들겠다는 목표입니다. 나아가 '탄소 제로'는 탄소 배출량 자체를 제로로 만들겠다는 것이죠. 인터넷, 자동차 등 많은 에너지가 사용되고, 에너지를 많이 사용하는 사람들이 모여 사는 도시를 탄소 중립 또는 탄소 제로로 만들려면 어마어마한 비용이 필요합니다.

2015년 파리협정을 체결한 이후 여러 나라가 탄소 배출을 줄이려 노력하고 있습니다. 2026년 '탄소 국경세'가 도입되면 세금이나 벌금으로 내야 할 비용 부담 때문에라도 탄소 배출을 줄일 수밖에 없습니다. 화석연료 의존도가 높은 선진국일

수록, 탄소 배출량이 높은 대기업일수록 탄소세 부담이 클 테니까요. 한때 미국의 트럼프 정부가 화석연료 의존도가 높은 자국 내 산업 보호를 위해 파리협정을 탈퇴하기도 했었죠.

이미 탄소 중립에 성공한 코스타리카처럼 인구가 적고 녹색 자원이 풍성한 나라를 제외하고는, 탄소 중립에 도달하는 데 써야 할 비용이 정말 만만치 않습니다. 즉 부유한 나라일수록 에너지 전환이란 과제를 풀기 유리하다는 이야기이죠. 기업도 마찬가지입니다. 그린피스가 선정한 탄소 배출량 1~3위에 해당하는 우리나라 대기업 S사, P사, 또 다른 S사가 탄소 중립·친환경 에너지 선도 그룹 순위에서도 1~3위인 걸 보면 알 수 있지요. 반면에 그동안 기본적인 에너지(화석연료를 활용한 그레이 에너지) 혜택도 충분히 받지 못한 저개발국은 이중고에 직면합니다. 에너지 시스템이 변화한 국면에서 이제 탄소세라는 세금 부담까지 지게 되었으니까요.

평등을 다시 생각한다

인간다운 삶을 위해 문명을 발전시켜 온 인류는 역사를 통틀어 오늘날처럼 풍요로운 삶을 살았던 적이 없습니다. 그러한 삶 속의 과소비가 지구환경과 생태계에 얼마나 큰 부담을 지우고 위협을 가하는지도 체감하고 있지요. 물론 풍요로운 삶이란 지구상의 일부 국가에만 해당하는 이야기일 뿐 여전히 지구촌 곳곳에서는 끼니를 제대로 잇지 못하고 깨끗한 물 한 잔 마시기 어려운 사람도 많습니다. 부유한 국가에서도 그 혜택을 누리지 못하는 사람들이 존재하고요.

세계는 얼마 전까지 지속된 신자유주의 경제 시스템으로 말미암아 더욱 심해진 불평등의 무게에 짓눌려 있습니다. 대체로 지금까지의 불평등은 생산물을 제대로 나누지 못해서 나타난 결과였죠. 이를 분배의 문제라고들 합니다. 그렇다면 어려운 처지에 있는 사람들을 위해 생산물을 늘리면 문제를 해결할 수 있을까요? 가성비를 높이려 더 많은 플라스틱을 만들고, 더 많은 석탄과 석유를 이용해야 할까요? 아뇨, 답은 다른 곳에 있습니다. 이것은 '평등'의 문제니까요.

이미 인류 문명은 온 인류가 쓰고도 남을 만큼 물건을 생산해 내는 힘을 가지고 있습니다. 그런데도 같은 지구상의 누군가는 잘살고 누군가는 못사는 것은 생산력이 불평등하게 분배되어 있어서입니다. 게다가 코로나19 팬데믹을 거치면서 거의 모든 것을 가진 소수와 아무것도 가지지 못한 다수의 틈이 점점 더 벌어지고 있습니다. 온 인류가 인간다운 삶을 살려면 생산력과 생산물을 평등하게 분배하면 된다는 답이 우리 앞에 명확히 내려져 있는데도 말이죠.

자, 그러면 생각을 좀 더 넓혀 보겠습니다. 온 인류가 평등하게 인간다운 삶을 살게 되었다고 가정해 봅시다. 지구상 모든

전 세계 소득분포별 평균 소득(연간 기준)

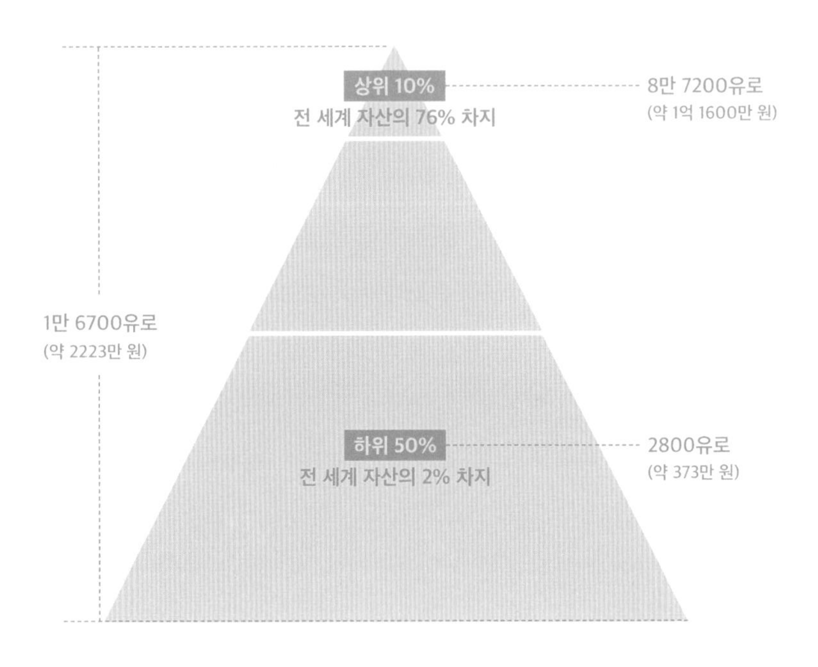

가구가 각각 집을 한 채씩 소유하고, 80억 인구가 자동차 한 대씩을 소유한다고 말이에요. 그 '인간다운 삶'을 이루려면 어떤 희생을 치러야 할까요? 먼저 다른 생명체를 생각해 봅시다. 인간은 평등의 문제를 사라지는 숲과 오염되는 산호초, 식탁에 오르는 다양한 육류뿐 아니라 고래나 상어 같은 다른 생태계 종에게는 적용하지 않는 걸까요? 다른 종의 희생은 무엇을 위해서일까요? 인간다운 삶을 위해서일까요?

많은 윤리학자가 이제 인간들 사이의 평등만이 아니라 생물종 사이의 평등 문제도 심각하게 생각해야 한다고 말합니다. 비건이 되거나 최소한 육식을 줄이려는 사람이 늘어나는데, 이들에게는 '모든 생명이 평등하다.'라고 생각한다는 공통점이 있습니다. 그리고 앞으로의 평등이란 '분배'나 '소유'의 평등에 국한되지 않을 것입니다.

기후변화는 우리에게 여러 면에서 평등을 다시 생각할 것을 요구합니다. 저개발국의 이중고를 잘사는 나라들의 도움으로 함께 해결하자는 것이지요. 예를 들어 탄소 중립에 이르기 위해 최소한으로 줄인 탄소 배출량을 '탄소 예산'이라고 하는데, 선진국의 탄소 예산을 줄여 저개발국에 더 많은 탄소 예산을 할당하는 정책이 있습니다. 또 에너지 전환을 제대로 실행하지 않는 글로벌 기업에 부가한 탄소 국경세를 모아 저개발국의 에너지 전환을 지원하자는 의견도 나옵니다. 마치 유선전화의 혜택을 받지 못했던 나라가 무선통신으로 넘어갔듯이,

에너지 전환은 저개발국의 도약을 돕는 기회가 될 수도 있습니다. 이렇게 기후변화 시대에는 평등의 개념도 해결책도 달라집니다.

최근 팬데믹을 겪으면서 모두가 또 한 번 깨달은 사실이 있습니다. 이러한 상황에서는 모두가 안전하지 않으면 그 누구도 안전하지 않다는 것이죠. 백신 접종이 나를 위한 일인 동시에 모두를 위한 일이듯이 말입니다. 물론 당장은 모두가 안전할 만큼 백신이 평등하게 보급되지는 않습니다. 일부 나라에서 3차, 4차까지 백신 접종을 진행하는 동안 어떤 나라에는 1차 백신도 못 맞은 사람들이 많지요. 하지만 결국 모두의 안전만이 코로나를 극복하는 해결책이기에 앞으로는 백신과 치료제가 좀 더 평등하게 공급되리라 기대합니다.

여기에 아울러 앞으로는 '모두'의 개념도 바뀔 것입니다. 최근 10년 이내만 보더라도 우리를 위협했던 코로나 바이러스(사스, 메르스, 코로나19)로 생긴 감염병은 인수공통감염병입니다. 사스는 사향고양이, 메르스는 낙타, 코로나19는 박쥐를 매개로 퍼진 바이러스이지요. 코로나 바이러스가 아니더라도 에볼라나 흔히 에이즈(후천면역결핍증)로 알려진 HIV(인간 면역 결

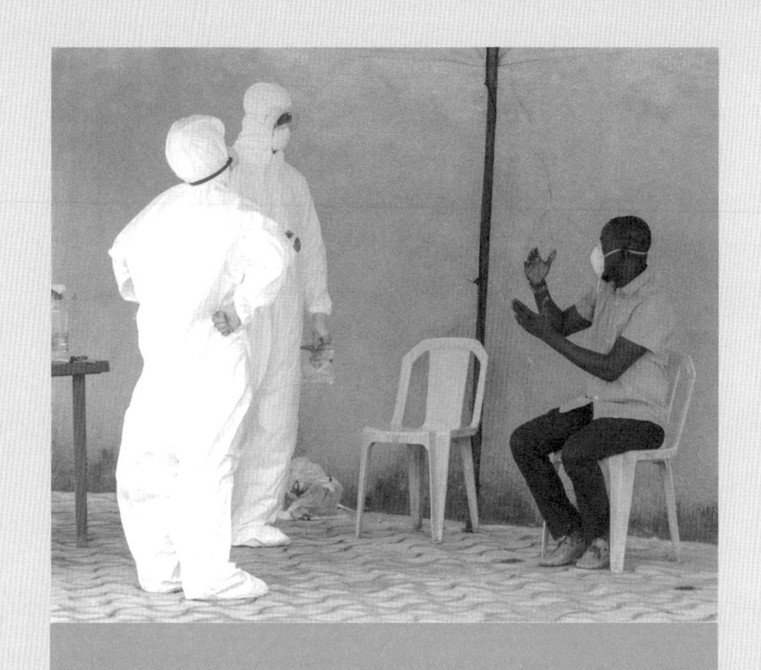

▲ 2021년 12월 한 달 동안만 나이지리아를 비롯한 가난한 나라에 기부된 약 1억 회분의 코로나19 백신이 유통기한 문제로 거부됐다. 세계보건기구는 선진국들의 백신 이기주의를 '도덕적 수치'라고 비판했다.

렙 바이러스), 지카 등 일부 지역에서 감염병을 일으키는* 바이러스도 동물을 매개로 인간에게 전염됩니다. 또 한때 우리나라에서도 많은 희생자를 낳았던 신종 플루 역시 본래는 돼지 독감이었다고 하죠.

바꾸어 말하면 앞으로의 건강 문제는 인간만의 문제가 아니라는 것입니다. 인간에게 영향을 끼치는 동물의 건강도 함께 생각해야 합니다. 바이러스의 숙주가 된 동물도 인간을 해치려는 목적으로 일부러 인간에게 접근해 감염병을 옮기는 것은 아니죠. 오히려 인간의 무분별한 자연 개발로 서식지를 잃고 떠돌다가 열악한 환경에서 바이러스에 감염된 채 인간과 접촉하거나 가축과 접촉해 감염병의 숙주가 된 것입니다. 결국 감염병 문제는 인간 중심으로 환경을 변화시킨 탓이며, 지구 생태계를 평등하게 나누지 않은 대가입니다.

* 한 국가나 대륙에서 빠르게 확산되는 감염병 유행을 '에피데믹'이라고 한다.

숫자의 경제학 말고 행복의 경제학

기후변화 시대를 맞고 보니 놀랍게도 경제에 유익한 것과 자연에 이로운 것이 실은 서로 대립할 게 아니라 조화를 이뤄야 할 문제라는 점을 깨닫게 됩니다. 환경과 조화를 이루고 자연을 보전하려는 태도만이 지속 가능한 경제를 가능하게 할 것이며, 자연 없이는 경제도 없다고 말하는 사람이 늘어나고 있습니다. 근시안적 기준으로 경제성을 따지면 '개발'이 이익이겠지만, 맑은 공기나 생물종 다양성의 가치가 정량화될 수 있는 지금의 시대에는 '보전'의 이로움이 개발의 이익을 훌쩍 뛰어넘기 때문입니다. 한때 모기가 들끓고 쓸모없는 관목 숲이었지만 요즘은 '아시아의 허파'라고 불리는 맹그로브숲의 사례에서도 알 수 있는 사실이죠.

기후변화 시대의 생태적 위기, 4차 산업혁명의 발전(자동화)에 따른 구조적 실업, 그리고 개개인이 느끼는 성취감 없는 삶(최근에는 '코로나 블루'라고 불리는 우울감)은 서로 깊이 연관되어 있습니다. '더 많고 더 나은' 삶을 추구할수록 사람들의 상황은 알게 모르게 더 나빠졌습니다. 어쩌면 우리 삶의 질은 기후 재앙 이전에 이미 한참 낮아졌는지도 모릅니다. 지속 가능한 경제성장이라는 헛된 꿈에서 비롯한 결과죠. 더 많은 걸 소유한다고 해서 행복이 커지지는 않으니까요. 오히려 기후변화, 아니 기후 재앙이라는 부작용에 직면한 우리는 이제 경제 시스템과 에너지 시스템의 전환점을 맞이하고 있습니다.

미국 경제학자 토머스 프리드먼Thomas Friedman은 '생태적 뉴딜'이라는 슬로건을 외쳤습니다. 인간의 경제 시스템을 지구의 생명 시스템과 조화롭게 만들자는 뜻입니다. 그동안 휴머니즘(야생에서 벗어나 인간다운 삶을 가능하게 한 인간중심주의) 정신에 따라 환경을 인간 중심으로 변화시키고, 자원을 낭비하고, 다

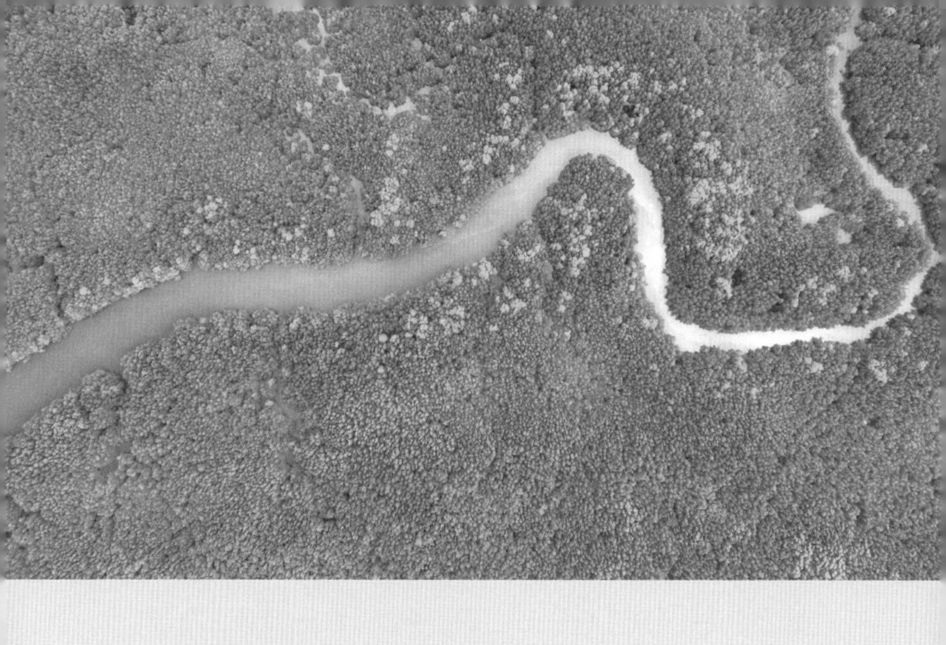

▶ 맹그로브숲에서 얻을 수 있는 가치는 연간 3만 3000~5만 7000달러나 된다.
우리나라 기업들도 ESG 경영의 일환으로 맹그로브숲 복원 사업에 뛰어들고 있다.

른 동물의 터전을 함부로 빼앗아 왔던 경제 시스템은 지구 시스템과 어우러지지 못했으니까요. 지금이야말로 인간을 자연과 분리하는 기계론적 세계관에서 벗어나야 할 때라고 프리드먼은 말합니다.

프리드먼은 특히 그동안 우리가 19세기 경제학 개념(애덤 스미스의 고전 경제학)을 사용해 21세기 문제를 해결하려고 해 왔음을 지적합니다. 19세기 경제학 개념이 무엇인지 잘 몰라도 프리드먼이 무슨 말을 하려는지는 이해할 수 있습니다. 문제 설정이 잘못되었기 때문에 문제를 제대로 풀 수 없다는 게 핵심이지요. 19세기는 화석연료를 사용하면서 산업이 발전하고, 자고 일어나면 새로운 물질이 만들어지는 마법의 시대였습니다. 하지만 지금, 기후 재앙이라는 부작용을 겪으면서 뼈아프게 깨달아야 하는 사실은 21세기 문제는 21세기에 맞는 해법으로 풀어야 한다는 것이죠.

21세기 문제를 생각해 보겠습니다. 코로나19 팬데믹 직전 4차 산업혁명이 세계적으로 진행되었습니다. 첨단 기술의 발전으로 인류의 평균수명은 늘어나고 자동화(인공지능, 로봇, 사물 인터넷 등)도 광범위하게 확장되었죠. 코로나19 팬데믹이 시작되자 온라인 기반의 비대면 기술도 혁신에 혁신을 거듭했습니다. 인공지능 비서가 동네 식당이나 가게에서 활용되고 서빙 로봇도 심심치 않게 돌아다니지요. 지금은 코로나에 따른 실업률이 언급되지만, 팬데믹이 잠잠해지면 곧 4차 산업혁명과 자동화에 따른 대량 실업이 문제가 될 것입니다.

4차 산업혁명은 화석연료를 이용한 대량생산 시스템이었던 1·2차 산업혁명에 반해, 친환경·신재생 에너지를 기반으로 한 소비자 맞춤 생산 시스템입니다. 즉 생산자가 대량으로 생산한 물건을 소비자가 사서 쓰고, 팔리지 않고 남은 것은 모두 폐기하는 게 아니라 처음부터 소비자가 원하는 물건을 주문받아 생산함으로써 버려지는 걸 최소화하죠. 또 생산에 쓰는 에너지부터 탄소 배출 여부, 경영 윤리까지 모든 것을 복합적으로 판단해 기준에 맞지 않으면 벌금을 물리고 시스템에서 완전히 퇴출시키겠다는 새로운 룰ESG, Environment·Social·Governance을 적용하기 시작했습니다. 따라서 21세기 문제는 자동화에 따른 인간의 실업 문제를 비롯해 에너지 전환과 더불어 새롭게 바뀌는 룰에 어떻게 적응하고 존재감 있게 행동할 것인가를 고민하며 풀어 가야 합니다.

▲ 풍력발전과 태양광발전의 전력을 사용하는 구글 네덜란드 데이터 센터. 구글은 2017년부터 전 세계 데이터 센터와 사무실에서 사용하는 전력을 100퍼센트 재생에너지로 조달하고 있다.

신자유주의 경제 시스템 속에서 우리는 그동안 '승자가 모든 것을 갖는다(승자 독식).'라는, 마치 넷플릭스 드라마 〈오징어 게임〉 속 설정과 같은 룰을 지키며 싸우느라 몹시 지쳐 있습니다. 그리고 맞닥뜨린 팬데믹을 통해 코로나19와 같은 바이러스와 싸워 이기려면, 방역이라는 목표 아래 서로 협력해야만 살 수 있다는 걸 체득했습니다. 협력이 경쟁보다 훨씬 유리

하니까요. 마찬가지로 4차 산업혁명이 예고한 자동화, 대량 실업, 에너지 전환 문제, 기후 재앙 또는 인류세 대멸종이란 위기에 대응하는 데에도 경쟁은 무의미합니다. 협력만이 살길이지요. 수학을 아무리 잘해도 계산기(컴퓨터)를 이길 수 없는 현실과 인간끼리 아무리 경쟁해서 이겨도 인공지능을 당할 수 없는 미래가 우리 앞에 있기 때문입니다.

위기 앞에 선 우리는 더 나은 미래의 삶을 꿈꾸고 나아가야 합니다. 그러려면 이제는 인간의 행복도 계산에 넣어야 하지요. 인간은 물론 지구 공동체 모두의 행복을 경제지표로 삼아야 합니다. 여러분도 잘 알다시피, 경제지표를 나타내는 기준은 GDP(국내총생산)입니다. 이 수치로 선진국이냐 개발도상국이냐를 따지는데요. 최근 기업이나 국가의 사회적 가치나 국민의 실제 행복이 중요해지면서 100년이 넘은 GDP의 유통기한이 다한 것이란 비판이 자주 들려오고 있습니다. 다른 기준이 필요해진 것이지요.

그도 그럴 것이 최근 우리나라를 포함해 선진국 어린이 대부분이 밖이 아닌 집 안 모니터 앞에서 놀다 보니, 자연 결핍증후군NDS, Nature Deficiency Syndrome을 흔히 경험한다고 해요. 이

증후군은 과잉 반응이나 우울증으로 표출되는데, 구태여 진단받지 않더라도 부모들이 일상적으로 느끼죠. 그래서 삶의 질과 행복, 환경문제 등을 중요하게 생각하며 도시를 떠나는 사람들이 점차 늘어나고 있습니다.

이 같은 현상 역시 GDP를 기준으로 경제를 평가하는 방식에서 벗어나 새로운 대안이 필요하다는 뜻으로 읽힙니다. 즉 더 많이 가지는 게 더 행복하다는 뜻이 될 수 없으며, 삶의 질과 행복이 앞으로의 경제에 중요한 지표가 되어야 한다는 말입니다. 유엔에서는 이미 '인간 개발 지수HDI, Human Development Index'라는 개념을 도입해 새로운 방식으로 인간의 발전 정도를 평가하고 있습니다. 빈곤과 불평등 문제 연구로 노벨 경제학상을 수상한 아마르티아 센Amartya Sen과 마붑 울 하크Mahbub ul Haq 교수가 개발한 이 지수는 1인당 국민소득이란 경제지표에 교육 수준과 평균수명 등을 더해 평가하는 방식이에요. 국가별 평가뿐 아니라 한 국가 내에서도 지역별 평가를 통해 균형을 모색한다고 하니, 앞으로 이런 대안이 다양하게 나오기를 기대합니다.

성장할 것은 경제가 아니라 자연과 인간의 가치다

'먹방'이란 용어가 영어 사전에도 등재되었다는 소식을 들어 보았을 거예요. 'eating show'가 아니라 'mukbang'이란 발음 그대로 등재되었죠. 보통 먹방이라고 하면 많이 먹는 모습을 보여 주는 방송이지만, 맛있는 음식을 찾아다니며 먹는 방송이기도 합니다. 이런저런 먹방을 보다 보면 미식의 세계는 끝이 없는 것만 같습니다. 〈스트리트 푸드 파이터〉 같은 프로그램만 보아도 식자재의 한계란 없어 보이니까요. 무한 식자재의 결정판이라 할 수 있는 중국요리는 제비 집에서

부터 곰 발바닥과 상어 지느러미까지 사용하는 재료가 무궁무진하죠.

특히 많은 중국인이 좋아한다고 알려진 샥스핀이란 요리의 재료는 상어 지느러미인데요. '아니, 상어가 얼마나 많이 잡히면 그 많은 중국인이 샥스핀을 즐길 수 있을까?'라는 궁금증이 든 뒤에 '아니, 상어가 얼마나 많으면 고기가 아닌 지느러미만을 요리로 즐길 수 있을까?'라는 의문이 이어집니다. 그렇게나 많은 상어가 여기저기서 출몰하다 보니 그 유명한 〈죠스〉 같은 영화가 만들어진 걸지도 모르죠. 사람들이 이 바닷속 포식자에게서 느끼는 공포심은 〈죠스〉뿐만 아니라 다양한 영화의 소재로 다뤄졌습니다. 이토록 무섭고 위험하니 차라리 상어를 지구상에서 사라지게 하기로 마음먹은 걸까요? 실제로 인류는 그런 작전을 수행하고 있는 듯 보입니다. 영화에서는 상어가 인간을 위협하지만, 샥스핀의 주재료인 상어 지느러미를 얻기 위해, 혹은 인간이 물고기를 잡으려 쳐 놓은 그물에 희생되는 상어의 수가 어마어마하니까요. 상어를 잡으면 지느러미만 잘라 내고 필요 없는 몸통은 그대로 바다에 내버린다고 해요. 끔찍한 일입니다.

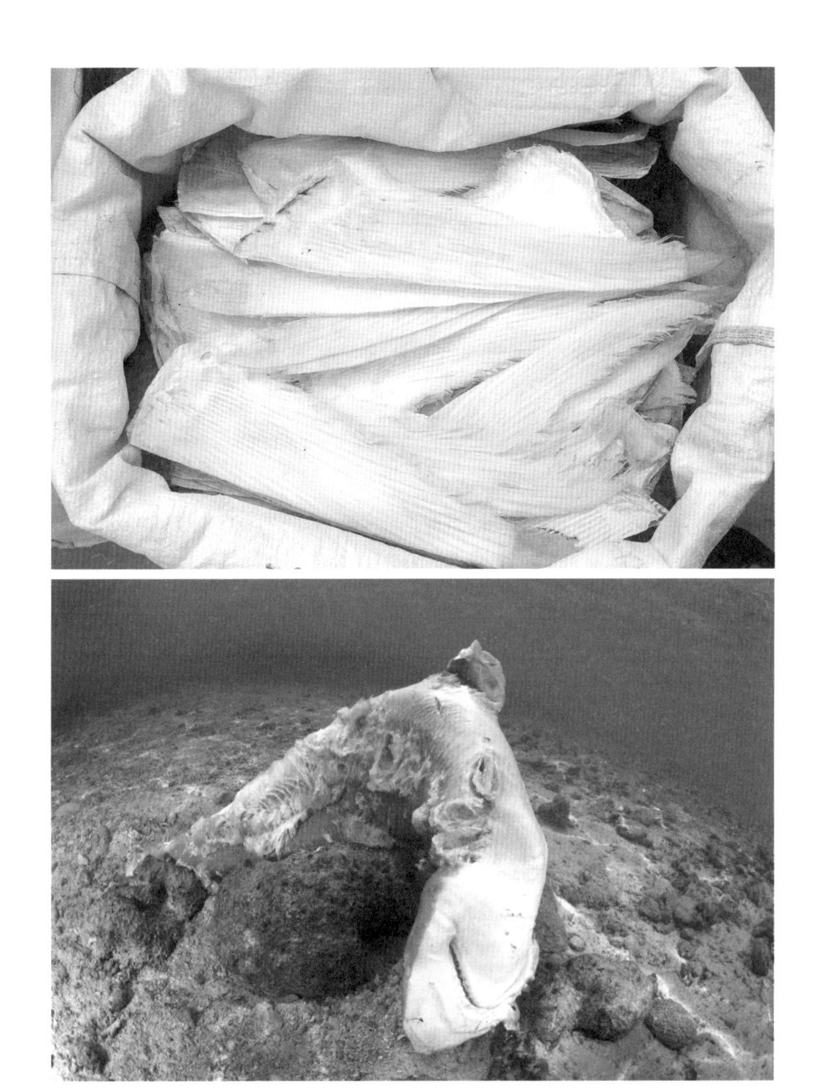

▲ 요리 재료로 쓰이는 상어 지느러미(위)와 지느러미만 잘린 채 내버려진 상어의 사체(아래).

그렇게 바다의 최상위 포식자인 상어가 점차 사라지면 상어가 주로 잡아먹는 다랑어들은 신이 나겠지요. 생태계 먹이사슬은 정교한 법이니, 다랑어를 잡아먹음으로써 그 개체 수를 조절하는 상어가 사라지면 다랑어의 개체 수가 폭발적으로 증가할 것입니다. (아마 다랑어, 즉 참치를 좋아하는 인간들에게도 좋은 일인지도 모르겠습니다. 물론 그 다랑어의 몸에 쌓여 있는 미세 플라스틱이나 중금속 문제는 잠시 접어 두겠습니다.) 다랑어가 많아지면 이내 다랑어가 잡아먹는 고등어나 꽁치의 씨가 마르겠죠. 고등어나 꽁치가 멸종하면 먹잇감을 잃은 다랑어도 결국 그 뒤를 따를 테고요. 결국 도미노 패가 연이어 넘어지듯이 바다 생태계는 붕괴하고 말 것입니다. 물론 과도한 상상의 시나리오이기는 하지만 이 사고실험은 생태계 순환이 어떤 식으로 이루어지고, 그 순환의 고리가 끊겼을 때 시스템이 어떻게 무너질 수 있는지를 보여 줍니다. 바다가 생명을 잃으면, 그다음 순서는 어디이고 또 누가 될까요?

고생물학 연구는 주로 화석에 각인된 아주아주 오래된 생물의 흔적을 탐구하는 것으로 알려져 있습니다. 과학 시간에 들어 본 삼엽충, 암모나이트뿐만 아니라 공룡도 연구 대상이죠.

지금도 몽골에서는 낯선 공룡의 뼈가 발굴되고 있습니다. 그런데 놀랍게도 고생물학 연구는 미래 생물이나 외계 생물 연구와도 맥락이 닿아 있습니다. 고생물, 즉 원시 혹은 태초 생물의 형태를 잘 이해하면, 화성이나 다른 외계 행성에 존재할지 모르는 생명체를 이해하는 데 도움이 될 테니까요. 화성에서 물의 흔적을 찾는 일이 중요한 것도 같은 맥락입니다. 적어도 우리 은하계 내에서는 같은 빅뱅을 통해 흩어진 별들이라 생명체 구성 조건이 유사하리라는 전제에서는 그렇습니다.

미래 생물 혹은 외계 생물 연구와 연결된 또 하나의 분야가 있습니다. 바로 심해 생물을 탐구하는 해양생물학입니다. 수심 4000~5000미터 아래에 생물이 존재한다는 사실도 놀랍고, 그 생물들의 존재를 찾고 연구한다는 것도 신기하지요. 심해 생물을 다루는 해양학 중에는 생물 연구뿐 아니라 물리와 화학, 지질 연구가 있는데요. 특히 지질 연구는 바닷속에 매장된 석유나 천연가스 등의 자원과도 관련되지만, 바닷속에서 일어나는 지진이나 화산 폭발, 쓰나미가 해양생태계에 끼치는 영향도 탐구합니다. 예를 들면 2022년 1월 남태평양 통가 부근 해저에서 발생한 해저화산 폭발은 바다 밑에서 일어난 일이다 보니, 동일본 대지진만큼이나 충격적으로 다가오진 않을 거예요. 하지만 이 화산폭발로 멸종된 생물종이나 변화하는 해양 환경을 연구하는 것은 미래를 위해 무척 중요한 일입니다.

우리가 바다를 생각할 때 일상적으로 떠올리는 시원한 풍경과 맛있는 해산물에서 시야를 좀 더 넓히면 기름 유출, 방사능 오염수 방류, 바다 쓰레기, 미세 플라스틱과 지느러미가 잘린 채 바닷속에 가라앉은 상어 등 위태로운 해양생태계 문제가 보입니다. 여기에 미래 생물이나 외계 지질 및 생명체 연구와 관련된 우주과학까지 포함하면, 우리의 시야는 수천 미터에 달하는 심해만큼이나 깊고 넓게 확장될 수 있습니다. 따라서 바다가 생명을 잃는다는 것은 엄청난 규모의 파국일 것입니다. 미래가 사라지는 셈이니까요.

지구온난화가 초래할 대멸종은 이러한 종말 시나리오의 극단을 보여 줍니다. 인류가 인간다운 삶을 위해 그동안 자연에 저질렀던 무분별한 행위의 결과로 수많은 바다 생물이, 아직 얼굴도 이름도 모르는 심해의 생물종까지도 다 함께 멸종의 길을 걷게 된다면, 인류도 그 길을 따를 수밖에 없습니다. 인간 역시 상어나 다랑어, 닭처럼 생태계의 거대한 순환 속에서 삶을 이어 가는 존재이니까요.

코로나19 팬데믹을 겪으며 점점 더 많은 사람이 하나의 건강, 즉 '원 헬스One Health'에 관해 알고 이야기합니다. 인류가 서식지를 늘리고 야생 생명체의 공간을 위협하면서 인류에게 치명적인 바이러스가 점점 더 가까이 다가온다는 사실을 깨달았기 때문입니다. 코로나19 바이러스가 끝이 아니라 새로운 시작임을 직감한 것이지요. 생태계의 거대한 순환을 생각할 때, 인간의 행복과 안녕은 지구상 다른 동료들의 건강과 무관하지 않습니다. 지구 생태계 전체가 건강해야 한다는 말입니다.

◀ 바다가 생명을 잃는다는 것은 곧 미래를 잃는 것이다.

5장

원 헬스, 지구를 지킬 수 있는 모두의 건강

이분법적 사고를 버리기

"달면 삼키고 쓰면 뱉는다."라는 말은 뭔가 얍삽한 뉘앙스를 풍기지만, 자신에게 필요한 것과 불필요한 것, 유리한 것과 불리한 것을 구분하는 태도는 인간을 포함한 모든 생명체의 생존에 필수입니다. 초기 인류가 식량을 찾아 돌아다닐 때를 떠올려 볼까요? 안전한 먹거리와 위험한 것을 구분하는 일은 생명과 직결될 만큼 중요했을 것입니다. 반려동물을 보더라도 친구와 적, 안전과 위험을 본능적으로 확연하게 구분하죠.

사실 분류는 지성을 사용하는 법과 관련해 중요한 문제입니다. 무엇인가를 알려고 한다면, 알려고 하는 자(주관)와 알려지는 대상(객관)을 구분해야 하니까요. 학문의 시작 단계부터 주관과 객관의 이분법Dichotomy은 매우 자연스러운 분류법이었습니다. 이분법적 분류는 생물학적으로도 유용한데 안전한 것과 위험한 것, 먹을 수 있는 것과 먹어서는 안 되는 것을 구분합니다. 이러한 본능적 분류가 인식론에서는 주관 대 객관, 그리고

(행위의) 주체 대 (행위의 대상으로서의) 객체입니다. 이분법적 분류는 근대의 시대적 패러다임이 되었고 학문(과학)을 발전시켰습니다.

근대 이전의 세계관은 대체로 종교나 신화적 세계관에 기초한 전체론이었고 인간은 거대한 우주의 한 구성 부분일 뿐이었죠. 그런데 근대과학이 발전하면서부터 인간의 지위가 달라집니다. 근대 철학자 르네 데카르트René Descartes는 정신과 물질은 근본적으로 다르다는 '이원론'을 내세웠습니다. 데카르트는 인간만이 정신과 물질을 모두 가진 유일한 존재라고 보았지요. 그는 정신, 곧 생각할 수 있는 인간의 지적 능력이야말로 인간의 존재 이유라고 생각했습니다.★

이와 유사하게 근대라는 시기에 인간의 지적 능력이 발달하면서(계몽주의, 과학주의) 인간만이 자연 질서를 이해할 수 있는 '특별한 존재자'라고 인식하게 됩니다(이 인식은 이후 휴머니즘으로 발전합니다). 그렇게 인간이 자연에서 가장 높은 존재자가 되

★ 데카르트 철학의 근본 명제인 "나는 생각한다, 고로 나는 존재한다(Cogito, ergo sum)"의 의미다.

었고, 인간을 제외한 자연은 인간이 개척할 수 있는, 혹은 인간 삶의 도구로 사용할 수 있는 객체로 여겨집니다. 따라서 '인간 대 자연'이라는 이분법이 발생했죠.

이러한 이분법 아래 인간은 자원을 마구 가져다 써도 화수분처럼 계속 새롭게 채워지는 줄 착각합니다. 심지어 자원 부족을 우려하는 오늘날에도 이러한 이분법적 사고가 여전히 전제되어 있습니다. 물 부족을 일종의 괴담으로 여기는 사람들도 있으니까요. 특히 경제적으로 풍요로운 유토피아를 꿈꾸는 세계관에서는 여전히 자연을 인간 삶을 위한 도구로 생각하는 경우가 많습니다. 이러한 인간중심주의Antropocentrism★에 따라 산업과 기술의 발전과 함께 자연을 착취해 온 역사가 오늘날의 환경 위기를 초래했음에도 말입니다.

오늘날의 반-인간중심주의Anti-antropocentrism 또는 포스트-휴머니즘은 인간과 자연을 대립시키는 이분법적 도식이 근본적인 문제라고 봅니다. 세계는 하나이고 인간은 그 하나의 세계

★ 휴머니즘이라는 인문학적 용어를 비판적으로 보는 의미에서의 인간중심주의다.

안에 존재하는 모든 구성물과 존재론적으로 동등한 지위를 가질 뿐이라는 것이죠. 인간이 자연을 지배할 수 있다는 관념은 (그것이 결국 우리를 실질적으로 위협하는 상황에 이르렀기 때문이 아니라, 그런 생각 자체가) 잘못되었다는 것입니다.

지구상의 생명체는 물론, 생명체가 살아갈 터전을 제공하는 환경의 구성물 하나하나가 모두 동등한 존재론적 지위를 가진다는 생각은 인간중심주의라는 근대적 사고방식을 폐기할 것을 요구합니다. 이러한 (생물)종 평등주의 관점에서는 인간이 더는 우월한 존재가 아니라, 어떤 의미에서는 위험한 존재입니다. 예컨대 심층 생태 주의Deep Ecology는 생존이 아니라 유희를 위해 다른 동물을 학대하거나, 인간종의 이익을 위해 다른 종의 생존권을 위협하는 행위를 명백한 범죄행위라고 간주합니다. 결국 이러한 태도 전환이 원 헬스 개념으로 이어집니다.

기술적으로 원 헬스는 하나의 네트워크로 이루어진 전체(생태계)에서 어느 한 층도 무너져선 안 된다고 봅니다. 예를 들어 먹이사슬의 한 층이 붕괴하면 그 시스템 전체가 위기에 빠진다는 것이지요. 이는 모든 다양한 존재가 서로 건강하게 공존해야 한다는 의미인 동시에, 윤리적·도덕적 관점에서도 인간

▲ 인간이 다른 종의 생존을 위협하는 현실이 지속될 때 지구 시스템은 위기에 빠질 수밖에 없다.

이 다른 종의 생존 터전을 위협해서는 안 된다는 것을 의미합니다. 최근 뉴스에 자주 나오듯이 글로벌 공급망 중에서 단 한 군데 지역에만 문제가 생겨도 시스템 전체가 영향을 받아 '물류 대란'같이 큰 파국으로 치닫는 것처럼 말입니다.

침묵의 봄과 감염병

이분법적이고 기계론적인 사고에 따르면 문제 현상은 늘 단순화됩니다. 어떤 현상이 일어났을 때, 그 원인을 찾아 제거하면 문제가 곧 해결될 거라 믿죠. 이런 사고방식이 대단히 효과적일 때도 있습니다. 그런데 여러 가지 요인이 복잡하게 얽힌 문제 현상이라면 다릅니다. 문제 현상을 원인 대 결과로 단순화하면 오히려 더 큰 문제를 일으키기도 하니까요. 생태나 환경문제처럼 복잡한 시스템에서는 어떤 문제를 하나 해결해도 그것이 또 다른 문제를 불러올 수 있습니다. 이를테면 환경문제를 해결하려고 석탄 개발을 중단했더니 요소수 대란이 일어나는 것처럼 말이죠.

이분법적이고 기계론적인 사고가 위력을 떨치던 시기가 바로 근대, 그리고 1차 산업혁명의 시기였습니다. 19세기 사고방식이다 보니 오늘날에는 한계에 부딪혔죠. 오늘의 세계가 과거보다 훨씬 더 복잡해지고, 인류 문명이 자연환경에 끼치는 영향이 커지면서 앞으로의 문제 상황은 전체론적으로 이해해야 한다는 생각이 분명해지고 있습니다. 특히 코로나19 팬데믹과 그 대응 과정이 이 생각을 더욱 굳건하게 만들었죠.

코로나19 바이러스를 통해 우리가 깨달은 한 가지는, 생명의 진화는 외부의 도전에 대응하며 어떻게든 살아남으려고 애쓰는 것이라는 사실입니다. 2019년 말 시작된 코로나19 바이러스가 팬데믹 상황으로 확산하면서 전 인류를 공격하자 이에 인류도 발 빠르게 백신을 개발했습니다. 그러자 코로나19 바이러스는 알파, 베타, 델타, 람다, 오미크론(2021년 후반기), 스텔스 오미크론(2022년 초) 등의 변종으로 거듭 진화하며 인류를 공격해 왔습니다. 물론 인류도 백신 2차 접종에 이어 변종 바이러스에 맞서 부스터 샷을 접종하기로 했고 먹는 치료제도 개발하며 반격을 가했지만, 팬데믹은 여전히 그 끝을 알 수 없습니다.

마치 전장에서 적군과 아군이 군비경쟁을 하듯이, 그동안 인류는 어떻게든 살아남으려는 해충이나 세균 그리고 바이러스와 싸워 왔습니다. 대표적인 예로 인류가 DDT 같은 살충제 개발로 해충을 없애려고 하자 해충은 살충제에 대한 '내성'을 가지며 스스로 진화해 왔죠. 이렇게 인간과 해충 간의 진화적 군비경쟁으로 말미암아 죄 없는 식물과 익충을 비롯해 살충제에 오염된 곡식을 먹은 새들까지 죽어 나가자, 환경 운동가 레이철 카슨Rachel Carson은 봄이 와도 새가 울지 않는 '침묵의 봄'을 경고했습니다. 새들이 살 수 없는 세상에서는 인간도 살 수 없다고 말입니다. 인류는 (인간의 입장에서) 해충을 없애지도 못한 채 위험한 미래를 스스로 초래한 셈입니다. 살충제는 근본적인 해결책이 아니었던 것이지요.

카슨이 경고한 지 60여 년이 흘렀고 그사이 우리의 대응도 크게 바뀌었습니다. 독성이 약한 살충제를 개발하거나 식물

유전자를 변형해 병충해에 강한 작물을 키우거나, 혹은 천적을 이용하는 등 생물학적·환경적 지식이 늘어나면서 대응법도 변화했죠. 이 다양한 방법 중 어느 쪽이 좋을지는 결과가 말해 줄 것입니다. 물론 그 결과란 단순히 작물 생산량처럼 인류만을 위한 게 아니라, 생태계 전체를 고려한 것이어야겠죠.

우리는 카슨이 무엇을 말하고자 했는지 이해해야 합니다. 카슨의 경고는 우리가 자연과 더불어 살기 위해서는 훨씬 더 신중해야 한다는 메시지를 담고 있습니다. 단순한 관점에서 문제를 바라보면, ("빈대 잡으려고 초가삼간 태운다."라는 속담처럼) 해충을 잡기 위해 생태계 전체를 무너뜨리는, 돌이킬 수 없는 실수를 할 수 있다는 것입니다.

최근 카슨과는 조금 다른 의미에서 '침묵의 봄'을 경고하는 목소리가 있습니다. 오직 인간만을 위해 설계된 도시에서 살아남지 못하고 죽어 가는 새들의 현실이 공개되었는데요. 거대도시가 늘어나면서 살 곳을 잃고 쫓겨난 야생동물이 멸종위기 종으로 전락하고, 야생동물의 로드킬이 심각한 생태계 문제가 된 것은 어제오늘의 일이 아닙니다. 그런데 여기에 더해 최근 투명한 통유리로 둘러싸인 건물이 늘어나자, 그동안

▲ 외벽이 유리창으로 이루어진 이화여자대학교 캠퍼스복합단지(위)에서는 13년째 조류 충돌 문제가 일어나고 있다.
하루 동안 이곳 유리창에 부딪혀 죽은 새들의 모습(아래).

도시에서 힘겹게 버티며 살아온 새들이 잘 보이지 않는 유리창에 부딪히면서 매일같이 죽어 나가고 있습니다. 전 세계에서 벌어지는 현실이지요.

북아메리카에서는 연간 3억~10억 마리의 야생 조류가, 우리나라에서는 한반도를 지나는 철새와 텃새 약 800만 마리가 유리창 충돌로 죽는다고 합니다. 시간으로 따지자면 우리나라에서만 전국에서 4초마다 새 한 마리가 목숨을 잃는 거예요. 수많은 새가 도시에서는 새롭게 지어 올린 유리 건물 탓에, 시골에서는 어디서나 볼 수 있는 유리 방음벽과 농약이나 살충제 때문에 죽고, 용케 사고를 피한 새들도 점점 서식지를 잃어 멸종되어 가고 있습니다.

야생동물이 서식지를 잃으면서 벌어지는 일은 다양합니다. 곰이나 멧돼지가 마을로 내려와 논밭을 마구 파헤치는 일이 흔히 일어나죠. 심지어 도심에서도 쓰레기통을 뒤지거나 아파트 엘리베이터 앞에 선 멧돼지가 발견됩니다. 이런 뉴스를 접하면 우리는 마치 귀여운 해프닝처럼 여기는데요. 실제로 야생동물과 맞닥뜨리는 우리의 상황이나 사람 사는 곳에 출몰할 수밖에 없는 야생동물의 상황은 모두 가볍게 바라볼 일이 아닙니다.

〈TV 동물농장〉 같은 프로그램에서 종종 볼 수 있는 야생동물 구조 장면은 그동안 세상이 인간 중심으로 흘러가는 걸 당연하게 생각해 온 우리를 반성하게 하죠. 조류독감이나 구제역이 발생할 때마다 대규모로 살처분되는 닭과 돼지의 모습이나, 기후변화로 일어난 대형 산불이나 홍수, 태풍 등에 휘말린 야생동물의 모습도 마찬가지입니다. 나아가 사스, 메르스 그리고 코로나19 바이러스 같은 인수공통감염병은 결국 인간에 의해 서식지를 잃은 동물들이 인간의 서식지로 스며들면서 직간접적인 접촉이 이루어져 발생하는 것으로 알려져 있습니다. 이는 동물에게 안전한 서식지가 곧 인간의 안전한 환경과 무관한 문제가 아님을 경고합니다.

우리나라는 전체 가구 중 약 28퍼센트가 반려동물과 가족을 이루고 삽니다. 특히 팬데믹으로 야외 활동이 제한되면서 생긴 우울감을 반려동물과의 교감을 통해 떨치는 사람이 늘어나면서 최근 2년간 반려동물 시장이 급성장했다고 해요. 이와 함께 코로나19에 감염된 반려동물의 소식이 전해지기도 했습니다. 동물이 사람의 서식지에 들어와 살게 되면 야생에서는 겪지 않아도 될 여러 질병에 노출되고, 사람도 동물의 질병에 전염될 위험이 커질 수밖에 없습니다.

결국 문제란 보는 관점에 따라 달라지는데, 기후변화를 포함한 환경문제, 탄소 중립을 넘어 탄소 제로까지 바라보자는 에너지 전환 문제, 4차 산업혁명과 미래 세대의 경제문제, 사람과 동물의 평등을 해결하자는 사회문제, 팬데믹과 감염병을 중심으로 본 건강 문제(수의학 포함), 야생동물이나 가축 또는 반려동물을 포함한 동물 복지 문제가 따지고 보면 '하나의 문

▲ '이색 동물 카페'라는 이름으로 미어캣과 라쿤 등의 야생동물을 '전시'하는 곳이 여전히 많은데, 동물 윤리 문제를 차치하고도 인수공통감염병이 전파될 위험이 있다.

제'라는 것입니다. 그리고 이 모든 문제를 하나의 프레임으로 보고 모두를 위한 해결책을 찾아 보자는 것이 바로 '원 헬스 프로젝트'입니다.

원 헬스,
모두의 건강 프로젝트

원 헬스 프로젝트란 사람의 건강과 동물의 건강 그리고 환경문제를 하나의 문제로 인식하는 데에서 출발합니다. 코로나19, 조류독감 등 감염병 문제를 해결하기 위해 각계 전문가들이 모여 소통하고 협력하는 동시에 앞으로 발생할지 모르는 질병을 예측하고 예방하기 위해 노력합니다. 그뿐만 아니라 같은 인식을 가진 일반 시민들도 작은 실천을 통해 미래의 큰 변화를 끌어내고자 행동하는 프로젝트입니다. 그동안 우리가 환경과 생태에 회복할 수 없는 짐을 지우고, 동물의 삶을 억압하거나 괴롭혔던 행위를 제대로 깨닫고 바꾸자는 것이죠. 원 헬스 프로젝트의 실천은 일회용 플라스틱 사용 줄이기, 동물 복지를 위한 채식 위주의 식생활 변화 등 작은 행동부터 시작합니다. 그 작은 실천이 모이면 엄청난 파장이 일 것으로 기대하죠.

사실 반려동물과 함께 살다 보면 그 이전에는 경험하지 못한 신기한 일이 생기는데요. 개와 고양이의 눈을 응시하거나 그들의 행동을 지켜보고 있으면, 무슨 생각을 하는지, 무엇을 원하는지, 어떤 마음인지 몹시 궁금해지죠. 본래 사랑이라는 감정은 상대방에 관한 궁금증에서 시작하니까요. 반려동물과 함께 사는 사람이 늘어나서인지 개와 고양이 언어 통역기(또는 번역기) 등이 개발되기도 해요. 동물을 사람처럼 아끼고 존중하는 마음을 가지는 것만으로도 원 헬스 프로젝트에 동참할 수 있습니다.

사람을 기쁘게 하기 위해 함께 산다는 의미에서 오랫동안 사용해 왔던 '애완동물'이라는 말을 가족으로 함께 산다는 의미의 '반려동물'이라고 바꾼 것도 동물을 내 가족만큼 소중히 여긴다는 의미겠죠. 우리 집 반려견 해피를 사랑하다 보면, 더

▲ 반려동물을 사랑하다 보면 바깥에서 힘겹게 살아가는 다른 동물들의 삶도 생각하게 된다.

러운 철창에 갇혀 죽음을 기다리는 식용 개를 해피와 다른 생명체라 생각할 수 없어요. 또 반려묘와 함께 사는 사람은 길고양이에게 밥이나 물을 챙겨 주는 일이 자연스럽습니다. 고양이를 키우면서 추위를 피해 지하 주차장으로 들어온 길고양이를 밖으로 쫓아내지는 않지요. 나아가 반려동물과 함께 사는 사람 중에 다른 동물에 관한 생각이 바뀌고, 공장식 축산의 환경적·윤리적 문제점을 깨닫고, 육식에 관한 생각이 달라져서 채식주의자가 되는 사람도 늘어나고 있어요.

반면에 반려동물과 연관된 문제점도 많습니다. 이미 잘 알려진 반려동물 학대나 애니멀 호더, 반려동물 유기와 같은 문제들이죠. 또 임상 실험에 사용되는 실험동물 문제가 있습니다. 동물실험 윤리가 제대로 지켜지지 않는 경우가 종종 발생하고 있으니까요. 원 헬스의 관점에서 반려동물과 관련해 가장 심각한 문제는 함께 살아선 안 되는 동물을 불법으로 데려와 키우는 것입니다. 그런 동물 중에는 여우와 같은 멸종 위기종이 많죠. 개와 고양이는 오래전부터 사람과 함께 살아온 동물이라 이들의 서식지는 애초에 사람 주변입니다. 하지만 그렇지 않은 동물들을 반려동물화하는 것은 원 헬스 개념에 맞지도 않고 동물 학대와 다름없습니다.

원 헬스는 예전부터 있었던 개념에 기후변화와 코로나19 팬데믹이란 이슈가 더해져 보다 큰 프레임으로 만들어지는 과정에 있습니다. 개념이나 사상보다는 실천이 중요하고, 행동이 모여야 큰 힘을 낼 수 있기에 무엇보다 소통과 협력이 전제되어야 합니다. 전문가는 전문가대로, 행동하는 개인은 개인대로 저마다의 소통과 협력이 필요하죠.

우리는 코로나19를 겪으며 감염병을 제대로 알려면 질병을 일으키는 원인인 바이러스만이 아니라, 질병의 역사적·문화적·사회적 맥락을 함께 참고해야 한다는 사실을 알게 되었습니다. 실제로 낯선 바이러스에 직면하면 부족한 정보를 공유할 수 있는 모두의 협력이 필요해집니다. 그동안 조류독감이나 돼지콜레라 혹은 구제역이 발생하면 농림축산식품부뿐만 아니라 보건복지부, 환경부 등 관련 부처에 속한 전문가들이 모여 함께 문제를 해결해 왔듯이 말이에요.

이렇게 원 헬스의 개념은 코로나19 팬데믹을 겪으면서 그 의미가 더욱 확장되고 있습니다. 팬데믹이라는 문제 해결의 관점에서라면 위기 극복을 위해 방역과 관련된 부처가 협력하고 소통한 후 상황이 끝나면 해체되어 각각의 본업으로 돌아가겠지요. 사스나 메르스 때 그랬던 것처럼요. 하지만 이번 팬데믹은 기후변화와 무관하지 않고 앞으로도 새로운 변종의 출현이나 새로운 (인수공통감염병일 확률이 높은) 바이러스의 공격으로 이어지리라 예상합니다. 이 같은 현실에서 원 헬스 개념은 미래를 바꿀 새로운 프레임이 될 수밖에 없습니다.

원 헬스 프로젝트는 우리에게, 앞으로 우리 문제를 뛰어난 누군가(히어로)나 소수집단(엘리트)이 나타나 해결해 줄 거라는 생각은 버리라고 하는 것 같습니다. 정부가 아무리 노력한다고 해도 우리 개개인이 생각을 바꾸지 않으면 결코 문제를 해결할 수 없을 테니까요. 한 사람 한 사람이 생각을 바꾸고 주체적으로 행동하지 않는 한, 세상은 절대 바뀌지 않음을 깨닫는 데서 변화는 시작됩니다. 그레타 툰베리와 같은 친구들이 원 헬스 프로젝트를 '미래 행동'이라 부르는 이유이기도 하지요.

미래 행동이라 불리는 앞으로의 변화와 혁신의 주체는 바로 새로운 세대인 여러분입니다. 부모님과 같은 기성세대는 낡은 패러다임에 익숙하기에 변화에 대한 두려움이 큽니다. 그만큼 상상력에도 한계가 있고요. 대신 여러분은 신박한 해법을 찾아낼 수 있는 세대입니다. 그러기 위해서 우선 주변을 잘 살펴야겠죠. 안타깝지만 기후 문제는 바로 여러분의 문제입니다. 지금까지 살던 대로 일회용품을 생각 없이 사용하거나 분리수거를 부모님에게 미루기 전에, 툰베리처럼 다른 나라에 사는 같은 세대 친구들이 어떤 생각을 하고 어떤 행동을 하는지 알아보면 어떨까요?

패러다임의 변화는 큰 액션 플랜을 찾아내는 게 아니라 원 헬스 프로젝트와 같이 일상에서 내가 참여할 수 있는 소소한 행동의 변화가 거대한 변화를 일으키며 나비효과를 불러오는 것입니다. 북유럽의 작은 나라에 사는 소녀 툰베리도 처음에는 혼자였지만 지금은 전 세계 많은 이들이 함께하는 운동의 활동가가 되었지요. 이는 곧 원 헬스 이론이자 네트워크 과학이라고도 불리는 복잡계 과학의 기본 전제이기도 합니다. 이제 우리 모두가 저마다 나비가 되어야 전 지구적인 효과를 낼 수 있습니다.

하나로 연결되면 비로소 행복이 보인다

요즘 어디에서나 '융합'이라는 말을 자주 듣습니다. 여러분이 다니는 학원이나 날마다 펼치는 학습지에서 자주 언급하는 단어이기도 하고요. 가깝게는 여러분의 교과과정 중 물리, 화학, 생물, 지구과학으로 나뉘어 있던 과목이 '통합과학'으로 합쳐진 예를 들 수 있는데요. 전문화·분업화되었던 과거에는 이 네 과목의 선생님들을 모아 놓고 '과학'에 관해 이야기를 나누기도 쉽지 않았습니다. 서로 사용하는 용어도 다르고, 관심 분야도 달랐기 때문이죠. 심지어 같은 생물학 분야라 하더라도 동물을 전공한 사람과 식물을 전공한 사람이 만나면 쉽게 말이 통하지 않았어요. 식물을 전공한 사람이라도 나무를 전공한 사람과 풀을 전공한 사람도 소통하기 어려웠죠.

21세기로 넘어오면서 인문학과 과학기술의 협력과 소통이 화두가 되기 시작합니다. 이런 분위기 속에서 아이폰과 아이패드를 만든 애플의 전 CEO 스티브 잡스Steve Jobs가 이른바 '융합형 인재'로 급부상하면서 '인문학과 과학기술의 융합'이 시대의 트렌드가 되었죠. 융합을 쉬운 말로 하자면, 과거 단절되었던 것들이 서로 협력하고 소통하면 좋은 결과가 나온다는

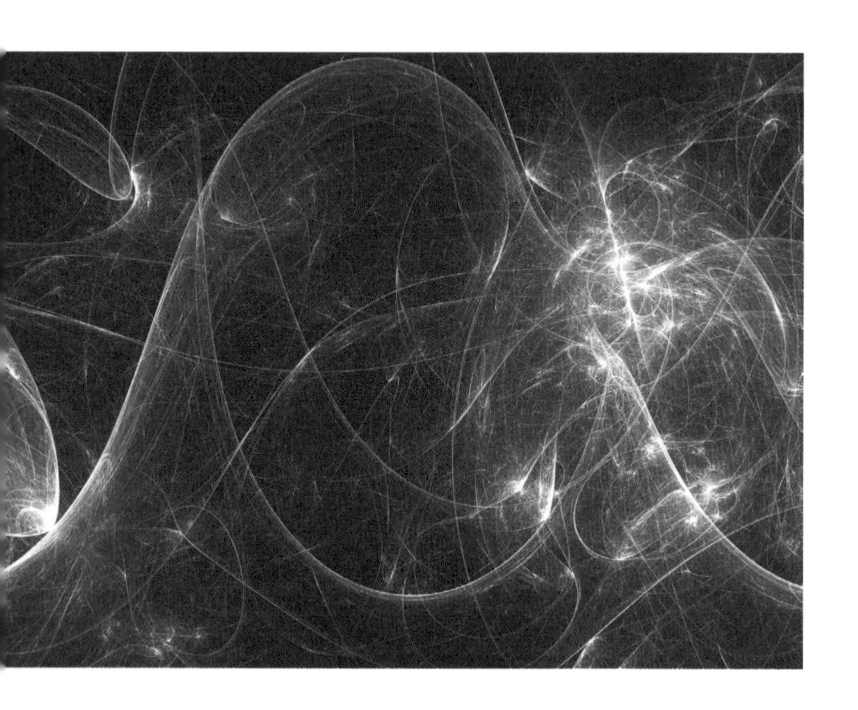

뜻입니다.

물론 처음에는 쉽지 않았어요. 그런데도 지난 20년 동안 우리는 쉽지 않은 소통을 꾸준히 이어 오고 있습니다. 미래로 흘러가는 방향, 즉 미래 트렌드 자체가 서로 소통하지 않으면 안 되는 분위기이기도 했어요. 협업 없이 발전할 수 있는 분야는 어느 한 분야도 없으니까요.

예를 들어 의학을 한번 볼까요? 지금은 허준과 같은 명의가 환자의 안색을 관찰하거나 진맥(진찰)해서 병을 진단하고 처방을 내리는 시대가 아닙니다. 병을 진단하고 분석하고 치료하는 과정에 다양한 의료 기기와 복잡한 과정이 들어와 있습니다. DNA 분석(화학, 빅 데이터, 인공지능)을 넘어 이제 곧 유전자 편집 기술(생물학, 유전공학)까지 상용화되고 로봇 수술, 로봇 팔이나 로봇 다리(의공학, 나노, 신소재 공학, 인공지능) 등이 일상화되면, 의학은 다양한 공학과 협업할 수밖에 없습니다. 어떤 사람은 의사가 사라지는 시대라고도 하는데 그렇진 않겠죠. 인간의 몸이 기계는 아니니까요. 그런 의미에서 당연히 인문학과의 협업(생명·의료 윤리)도 필요하고요. 일반인들에게 잘 알려지지 않아서 그렇지, 이러한 협업 분위기 속에서 새롭게 생겨난 일자리도 많습니다. 원 헬스 분야에서도 새로운 가능성이 크게 열릴 거예요.

4차 산업혁명 시대를 초연결 시대라고도 말합니다. 현실 세계에서는 물론 메타버스와 같은 가상 세계에서도 우리는 연결되어 있습니다. 어쩌면 4차 산업혁명 시대의 적응이란 이런 연결에 익숙해지는 것이며, 연결을 거부하면 미래 사회에서 도태될지도 모릅니다. 이러한 시대적 분위기는 원 헬스라는 개념을 쉽게 이해하게 합니다. 또 소통과 협력을 통해 프로젝트에 동참하기도 쉽지요. 비대면 기술이 발달한 지금, 원 헬스 프로젝트 실천을 위해 전 세계 누구와도 정보와 지식을 나누고 함께 행동할 수 있으니까요. 그래서 원 헬스 프로젝트는 4차 산업혁명의 효과가 분명해질 포스트코로나 시대에 더욱 빠르고 큰 효과를 기대할 수도 있을 거예요.

이때 가장 큰 걸림돌은 '두려움'입니다. 과거 서로 다른 분야(인문학과 과학, 경제학과 생태학, 의학과 공학 등)의 사람들이 소통을 꺼리고 불편해했던 이유는 협업하면 혹시나 제 자리를 잃지 않을까 하는 두려움이 컸기 때문입니다. 현재 에너지 전환을 두고 극렬히 반대하는 목소리가 그 예입니다. 태양광 패널

과 풍력발전기 설치가 환경에 더 나쁘고 인근 주민의 건강을 해친다며, 신재생 에너지 생산에 반대하는 사람들이 있습니다. 농사를 짓거나 수산물을 양식하던 사람들이 특히 그렇습니다. 또 환경 부담이 큰 원자력발전을 사용해서라도 안전하게 전기를 공급받고 값싼 비용을 내겠다는 목소리도 마찬가지입니다.

두려움은 보통 잘 알지 못하거나 잘못 알아서 생기는 경우가 많습니다. 문명이 새로운 전환점을 맞을 때마다 늘 그래 왔죠. 새로운 것은 새로운 대로 장단점이 있고, 익숙한 것은 익숙한 대로 장단점이 있습니다. 중요한 건 흐름이에요. 친환경 에너지로의 전환이 더는 선택의 문제가 아닌 지금, 우려되는 문제가 있다면 과학적이고 정확한 정보를 알아본 뒤 문제를 해결하는 방향을 선택해야 합니다.

현재 우리나라 친환경·신재생 에너지 생산기술은 세계 최고라고 합니다. 앞서 이야기한 아랍에미리트연합국의 탄소 제로 도시 건설이나 수소 전지 생산 시스템에도 우리 기술이 수출되었고요. 우리나라는 석유 시대에도 나름대로 선방했고 미래 에너지 전환 시대에 세계 표준을 만들 만큼의 인프라를 갖추고 있지만, 상대적으로 친환경 에너지에 대한 우리나라 사람들의 정보 습득과 인식은 낮은 편이라고 합니다. 아직 변화에 대한 두려움이 크기 때문이겠지요. 하지만 시대의 흐름이 곧 바뀔 테니, 제대로 알기만 하면 두려움은 점점 기대감으로 부풀어 오를 것입니다.

두려움을 버리고 나면 새로운 사고방식을 가져야 합니다. 기후변화와 환경문제를 이야기하면서 원 헬스를 끌어들인 것은 사람의 건강과 동물의 건강 그리고 지구의 건강이 다르지 않으며 결국 하나의 문제로 인식해야 함을 말하기 위해서였습니다. 여기에 또 하나 중요하게 다루어져야 하는 것이 경제입니다. 경제문제를 이야기하지 않고 기후변화나 원 헬스 프로젝트를 다루는 것은 공허합니다.

때마침 원 헬스는 이미 경제문제를 포함하고 있습니다. 예컨대 화석연료에서 신재생 에너지로의 전환이 전제되어 있고, 자연(환경)을 지키는 행동이 경제 발전을 방해하고 위협하는 게 아니라 경제적으로도 이익이 되는 시대라는 사실을 함축하고 있지요. 아울러 경제적 가치를 판단하는 기간이 한 정당에서 정권을 잡는 5년, 10년이 아니라 최소 30년, 나아가 50년, 100년까지로 달라져야 하며, 맹그로브숲과 같은 창조적 생명의 생산성을 경제학적 산술의 척도로 삼아야 한다는 점도 포함합니다. 나아가 경제적 순환과 생태적 순환이 서로 조화를 이루는 방법도 소통과 협력을 통해 지금부터 계속해서 모색해야 할 것입니다.

원 헬스 프로젝트의 최종 목표는 말 그대로 '건강'입니다. 그리고 '모두의 건강'이지요. 개인이 자기 자신과 반려동물을 비

▼ 나비의 작은 날갯짓이 돌풍을 일으키듯,
한 사람 한 사람의 행동이 모이면
새롭고도 거대한 물결을 만들어 낼 수 있다.

롯한 다른 동물들, 숲과 산과 바다까지도 건강해지도록 작은 실천을 이어 나가는 것 말입니다. 자신의 건강을 위해 힘들지만 규칙적으로 운동하고 건강한 식단을 지키고 비타민 등 영양제를 수고롭게 챙겨 먹는 것과 마찬가지로 그날그날의 작은 실천을 해 나가면 됩니다. 저 멀리 아프리카에서 일어난 나비의 작은 날갯짓이 뉴욕의 거대한 허리케인이 되듯이, 우리의 행동이 모여 사람과 동물 그리고 지구 공동체 모두의 건강을 지키고 인류세 대멸종을 피하기 위한 거대한 물결이 될 것입니다.

우리 모두를 위한 새로운 '플렉스'

"자고 일어나니 유명해졌다."라는 말이 여기저기서 흔히 들려옵니다. 오래 무명 생활을 하던 가수나 배우 지망생이 오디션 프로그램에서 인정받아 폭발적인 인기를 얻거나 일반인 유튜버가 10만 구독자를 모으며 연예인 못지않게 알려지고 큰돈을 버는 경우가 드물지 않으니까요. 그리고 많은 사람이 이들을 보며 기대합니다. 어느 날 자고 일어나 보니 유명해진 자신을 말이죠.

하루아침에 이른바 셀러브리티가 된 사람들은 어떻게 살아갈까요? 대부분 그동안 하고 싶었지만 꿈조차 꾸기 어려웠던 일들에 인정사정 볼 것 없는 '플렉스'를 실행하겠지요. 다른 한편으로는 꿈만 같은 지금의 상황이 어느 순간 신기루처럼 사라지지 않을까 전전긍긍할 수도 있겠고요. 그러면서 차차 유명인의 삶에 적응해 나갈 것입니다.

그런데 이게 바로 지금 우리의 상황이라는 사실을 알고 있나요? 우리나라가 일본의 식민 지배와 한국전쟁으로 폐허였던 때가 100년도 채 지나지 않았습니다. 혹독한 IMF 시절도 불과 25년 전 일이네요. 그 시간을 거쳐 대한민국은 오늘날 세계경제 10위권에 드는 나라가 되었습니다. 요 몇 년 사이에는 K팝과 영화 콘텐츠 등으로 당당하게 전 세계의 주목을 받고 있습니다. 거기다 최근 코로나19 팬데믹을 지나며 K방역으로 대표되는 의료 선진국으로서의 위상까지 높아졌지요. 어느새 우리는 세계적으로 앞서 나가는 나라의 시민이 되었습니다.

그리고 지금 세계는 모든 게 변화하는 전환기에 놓여 있습니다. 기후 위기에 대응하는 '탄소 중립'은 더는 선택이 아니라 필수인 가치로 자리 잡았습니다. 세계는 이미 새로운 시대에 들어섰고, 얼마나 탄소 중립 시대를 잘 준비해 나가는지에 따라 우리의 미래가 결정될 것입니다.

그동안 지구의 어제와 오늘, 내일에 관한 세 권의 책을 쓰면서 한결같이 그려 온 어떤 미래가 있습니다. 그 미래의 주인공은 당연히 독자 여러분이고요. SF 작품들이 그려 보이는 미래 모습이 대개 어둡고 우울한 이유는 이 작품들을 반면교사 삼아 절대로 이런 미래를 만들지 말자는 뜻일 것입니다. 빈부 격차가 극심하게 벌어져 부자들은 천국과 같은 위성 지구에서 죽지 않는 영생을 살아가고, 가난한 사람들은 폐허로 망가진 지구에 남아 쓰레기 더미를 헤치며 살아가는 미래가 우리의 것이 되어선 안 된다는 경고이지요. 저 역시 좀 더 따뜻하고 협력적이고 행복한 미래를 위한 '선택'을 해 나가자는 이야기를 계속해 왔습니다.

자고 일어났더니 잘사는 나라의 시민이 되어 버린 여러분, 이제부터 우리가 어떤 플렉스를 실행해야 할지 한번 생각해 봅시다. 우리 한 사람 한 사람의 생각과 실천이 우리의 미래를 만들어 갈 테니까요. 우리의 내일을 지키는 것은 우리뿐이라는 사실을 기억하기 바랍니다.

참고 문헌

- 『지구를 위한 변론』, 강금실 지음, 김영사, 2021
- 『우리를 구할 가장 작은 움직임, 원헬스』, 듣똑라 지음, 중앙북스, 2021
- 『빌 게이츠, 기후재앙을 피하는 법』, 빌 게이츠 지음, 김민주·이엽 옮김, 김영사, 2021
- 『한배를 탄 지구인을 위한 가이드』, 크리스티아나 피게레스, 톰 리빗카낵 지음, 홍한결 옮김, 김영사, 2020
- 『우리는 감염병의 시대를 살고 있습니다』, 김정민 지음, 우리학교, 2020
- 『쓰레기책』, 이동학 지음, 오도스, 2020
- 『우리는 지금 미래를 걷고 있습니다』, 김정민 지음, 우리학교, 2018
- 『포스트휴먼이 온다』, 이종관 지음, 사월의책, 2017
- 『사피엔스』, 유발 하라리 지음, 조현욱 옮김, 김영사, 2015
- 『학문의 진화』, 박승억 지음, 글항아리, 2015
- 『햄릿』, 윌리엄 셰익스피어 지음, 노승희 옮김, 펭귄클래식코리아, 2014
- 『두려움 없는 미래』, 게세코 폰 뤼프케 지음, 박승억 외 1명 옮김, 프로네시스, 2010
- 『자연이 경제다』, 안드레아스 베버 지음, 박승재 옮김, 프로네시스, 2009
- 『협력의 진화』, 로버트 액설로드 지음, 이경식 옮김, 시스테마, 2009
- 『인간 없는 세상』, 앨런 와이즈먼 지음, 이한중 옮김, 랜덤하우스코리아, 2007
- 『지구 재앙 보고서』, 엘리자베스 콜버트 지음, 이섬민 옮김, 여름언덕, 2007
- 『경제와 역사, 그들의 동반 여행기』, 최상목 지음, 프로네시스, 2006
- 『침묵의 봄』, 레이첼 카슨 지음, 김은령 옮김, 에코리브르, 2002

✦ 참고 영상

- 〈여섯 번째 대멸종〉, EBS '다큐프라임', 2022
- 〈지구의 경고: 저탄소 인류〉, KBS '환경스페셜', 2021
- 〈수소 경제 편〉, 삼프로TV '경제의신과함께', 2022

✦ 사진 저작권

17쪽 나사 © NASA / Joel Kowsky

31쪽 웰컴컬렉션 © Wellcome Collection. Attribution 4.0 International (CC BY 4.0)
The great plague in London in 1665 / by Walter George Bell with thirty illustrations comprising contemporary prints, plans, & drawings

38쪽(위) 플리커 © sv1ambo

38쪽(아래) 네덜란드 국립기록원 © Hans Peters / Anefo

42쪽 플리커 © Shinya Suzuki

67쪽 글로벌 포레스트 워치 © globalforestwatch

69쪽 플리커 © Jean-Pierre Dalbéra

77쪽(위) 플리커 © Bioregional

83쪽 언스플래쉬 © Jordan Steranka

100쪽(위) © 경향신문

103쪽 플리커 © Rosenfeld Media

106쪽(아래) 나사 © NASA / Tony Gray and Kevin O'Connell

148~149쪽 언스플래쉬 © Ishan @seefromthesky

164쪽(아래) © '윈도우스트라이크모니터링'팀 / 이화여자대학교 야생조류 유리창 충돌 조사 소모임 / 생명다양성재단 뿌리와 새싹 소모임

181쪽 언스플래쉬 © NASA

184쪽 언스플래쉬 © rosario janza

✦ 자료 출처

74쪽 NDC

80쪽 IPCC

128쪽 World Inequality Lab

우리의 내일을 구할 수 있는 건 우리뿐이니까

멸종을 선택하지 마세요

초판 1쇄 펴낸날 2022년 6월 7일
초판 4쇄 펴낸날 2023년 3월 30일

지은이 김정민
펴낸이 홍지연

편집 홍소연 고영완 이태화 전희선 조어진 서경민
디자인 권수아 박태연 박해연
마케팅 강점원 최은 신종연 김신애
경영지원 정상희 곽해림

펴낸곳 ㈜우리학교
출판등록 제313-2009-26호(2009년 1월 5일)
주소 04029 서울시 마포구 동교로12안길 8
전화 02-6012-6094
팩스 02-6012-6092
홈페이지 www.woorischool.co.kr
이메일 woorischool@naver.com

ISBN 979-11-6775-056-9 43400

만든 사람들
편집 정아름
교정 한지연
디자인 어나더페이퍼 이희영